The latest UP&Styling

최신 업&스타일링

신부섭 · 심인섭 · 고성현 · 강갑연
이부형 · 이영미 · 강은란 공 저

光文閣
www.kwangmoonkag.co.kr

머리말

hair style을 아름답게 표현하기 위한 미적 행위는 여러 가지가 있으나 그중 up style은 일시적인 hair styling으로 인간의 편의와 욕구가 다양해지고 유행에 민감하게 작용됨에 따라 격식 있는 모습을 나타내기 위해서 특별한 예(禮)를 중시하는 시간이나 장소에 애용되는 스타일이 되었다. hair style의 역사를 통해 보면 hair style의 혁신적인 변화가 나타나기 전까지는 hair style의 형태로 신분을 알 수 있었다.

많은 hair designer들은 디자인 구성과 완성에 이르는 전 정을 어렵다고 생각하나 기본을 이해하면 충분히 연출할 수 있다.

up style은 단순히 배워지는 것이 아니라 반복적인 연습을 통해서만이 본인이 원하는 up style을 얻을 수 있다. 더 나아가 이를 바탕으로 또 다른 새로운 디자인 능력이 생성될 수 있을 것이다.

모델의 여러 조건에 부합되는 스타일을 연출할 수 있는 능력 향상을 위해서는 다양한 디자인 방법을 숙지해야 하며 최종적으로는 기술적 테크닉과 풍부해진 감성에 창의력을 더하여 자신만의 새로운 작품 세계를 만들어 가는 것이다. 누구든지 이 책에 실린 몇 가지의 간단한 규칙을 따르고 충실하게 연습 한다며 다양한 모양의 아름다운 업 스타일을 완성할 수 있다.

끝으로 이 책의 출간을 위해 애써 주신 광문각출판사 박정태 사장님과 임직원 여러분께 감사드린다.

2012. 3
저자

Contents

- 머리말 / 3

제1장 헤어의 역사 / 7

1. 서양의 미용 / 8

1) 이집트 / 8
2) 그리스 / 8
3) 로마제국 / 9
4) 비잔틴시대 / 10
5) 13~14세기경 스타일 / 10
6) 15세기 / 11
7) 르네상스(16세기)시대 / 12
8) 바로크시대(17세기) / 13
9) 로코코시대(18세기) / 15
10) 19세기 / 16
11) 20세기 스타일 / 17

2. 한국의 미용

1) 고대 / 19
2) 삼한시대 / 19
3) 삼국시대 / 20
4) 통일신라시대 / 21
5) 고려시대 / 21
6) 조선시대 / 21
7) 개화기와 일제 치하 / 24
8) 현대

제2장 헤어 스타일 / 27

1. 도구와 설명 / 28

1) 핀과 빗 / 28
2) 고무줄 / 29
3) 셋팅 / 30
4) 토대 / 31
5) 헤어싱 / 32
6) 헤어피스 / 34
7) 기타 34

2. 땋는 머리와 꼬는 머리 / 36

1) 두 가닥 땋기 / 36
2) 세 가닥 땋기 / 36
3) 네 가닥 땋기 / 40
4) 다섯 가닥 땋기 / 41
5) 꼬는 머리 / 42
6) 응용편 / 44

3. 올림 머리 / 63

1) 시뇽 스타일 / 63
2) 오버랩 스타일 / 99
3) 짧은 머리 / 122

4. 한복 머리 / 134

1) 댕기 머리 I / 134
2) 쪽머리 I / 138
3) 쪽머리 II / 140

5. 일본 머리 / 142

제3장 Magazine / 147

- 찾아보기 / 157
- 참고문헌 / 158

제 1 장 헤어의 역사

1 서양의 미용
2 한국의 미용

1. 서양의 미용

1) 이집트

고대 문명이 융성하였던 이집트인들은 적도 바로 아래 나일강 유역에 위치한 매우 더운 기후에서 살고 있었다. 이러한 더운 기후로 인해서 두발을 짧게 깎거나 밀어내고 그 위에 일광을 막을 수 있는 대용물로 가발을 즐겨 사용했다. 가발의 재료로는 마, 양모, 종려나무 잎에서 채취한 섬유와 말의 갈기 등이 있었으며, 귀족이나 부유층은 인모(人毛)를 이용한 가발을 사용했다. 이것이 외관상의 신분을 결정지어 주었다. 이집트인은 두껍고 빳빳한 헝겊으로 된 피라밋 모양의 머리수건을 사용했는데 이를 커어치프(kerchief)라 하였으며, 왕이나 여왕이 사용했던 커어치프는 크래프트(klaft)라 불렀다. 왕관과 함께 가장 많이 볼 수 있는 왕의 머리 장식의 대표적으로 투탕카멘(Tutankhamen)의 것을 말할 수 있는데, 황금색과 청색의 줄무늬 머리수건으로 목 뒤에서 묶을 수 있으며 양 옆의 깃을 늘어뜨린 피라미드 모양이었다. 여성들은 가발로 작게 땋은 다수의 머리다발을 그들의 모발과 함께 리본, 천, 진주 등과 함께 땋아 늘였다. 왕관과 가발은 왕조와 함께 변천하였다. 왕관에 머리장식의 착용이 일반화되어 있었으며 여왕이나 왕비는 신성시 되었던 '유레우스' 라는 뱀으로 장식된 금관을 썼다.

클레오파트라의 가발은 앞머리를 뱅으로 만든 원랭스 커트로 깔끔하면서도 단아한 모습으로 범접할 수 없는 근엄함과 신비함을 자아낸다. 가발의 앞 부분은 이마를 덮고 반듯하게 잘려서 둔탁한 느낌이지만 컬이나 땋아서 이마를 가리고 상아나 나무를 이용하여 날개처럼 장식하기도 했다.

이집트인들은 향료 바르는 것을 좋아해서 향료 병을 머리에 장식으로 사용하기도 하였는데 향료가 녹아 흘러내려서 온몸에 발라졌다고 한다. 대부분의 여성들의 머리모양은 머리를 중앙에서 나누고 보브 스타일의 가발을 사용하였다. 머리에 헤어밴드로 장식하여 고귀한 신분임을 나타내었고 머리 전체에 웨이브를 주어 컬한 끝을 단단하게 묶어 밀납을 발랐다. 가발을 사용할 수 없는 천민이나 노예들은 머리를 보브 스타일로 자르거나 짧게 깎아 활동하기에 편리하게 하였다.

나일강 유역의 진흙을 발라 둥근 나무막대기로 말고 태양열로 건조시켜서 두발에 컬을 만들었다. 이것은 알칼리 성분을 함유한 토양의 알칼리와 열을 이용한 퍼머넌트 웨이브의 기원이라고 할 수 있다.

또한 이집트인들은 그들의 자연적인 흑색 두발을 다양하게 보이기 위하여, 헤너를 진흙에 개서 모발에 바르거나 화장품의 원료인 퍼플이나 붉은 황토 등이 사용되기도 하였으며, 미묵이나 코올 등으로 모발의 색을 바꾸는데 사용되었다.

2) 그리스

그리스인들의 머리모양은 가장 순수하고 고전적이었다. 그리스의 유명한 조각가들이 남긴 불멸의 조각상의 머리 모양은 오늘날의 미용사들이 시행하고 있는 기본 스타일이 있다. 조각상들은 아름다움 뿐만 아니라 바란스가 매우 좋은 아름다움을 지니고 있다. 이것은 '아름답다' 는 것 뿐만 아니라 '실용적이다' 라고 말할 수 있다.

그리스인은 금발을 아름답게 여겼고 자연적인 모습 그대로의 미를 표현하고자 하였다. 젊은 남자들은 운동하기 간편한 짧은 머리를 선호하였으며 여성들은 고전적이고 심플한 디자인을 선호하였다. 이 시대는 후두부에 포인트를 둔 묶는 머리로 모발을 그대로 길러서 리본이나 머리를 함께 땋아 묶는 방법을 이용했다. 땋은 머리 속에 리본을 넣어 같이 길게 땋아 늘어진 머리끝은 앞과 뒤에서 땋아온 머리를 함께 리본 위로 돌리어 끝을 여러 가지 모양으로 처리하여 땋아 네트 속에 넣어 감추었다.

또한 여인들에게는 머리 모양이 생의 감정을 반영해 주는 일종의 장식품으로 상(喪)이나 슬픈 일이 있을 때에는 머리를 자르고 부정한 여자의 경우에는 벌의 의미로 남편이 머리를 짧게 자르는 등 머리의 아름다움을 중요시한 것을 알 수 있다. 가발과 리본, 웨이브와 땋은 머리, 올림 머리 등 수많은 헤어스타일이 존재하였다.

그리스 여성들은 원래 갈색이나 금발로서 블론드 칼라의 두발이 많았지만 종종 두발을 염색하거나 또는 염색된 가발을 썼다. 특히 붉은 색 계통의 가발을 선호하였다. 아테네의 부인들은 누발을 파랗게 물들여 금, 백, 적색의 파우더를 뿌렸다고 한다. 더욱이 모발 장식의 다양성을 가지기 위해 자연의 꽃이나 타조의 깃털 등을 사용하여 더욱 아름답게 꾸몄다.

역사상 처음으로 그리스인에 의해서 이발소가 세워졌다. 이발소는 일종의 사교장으로서 그리스인들에게는 친숙하였으며 이발사들은 모발과 수염을 가꾸고 자르기도 하였을 뿐만 아니라 마사지, 응급처치, 간단한 수술 등도 직접 다루었다.

3) 로마제국

로마시대의 헤어스타일은 왕녀들의 초상을 화폐에 새긴 덕분에 잘 알 수 있다. 이들의 취향은 그리스보다는 세련되지 못하였으며 간단하고 창조성도 부족하였지만 컬이나 웨이브를 많이 이용하여 아름다웠으며 생활 속에서 가장 많은 시간을 헤어스타일을 위해 소비하고 있었다. 로마의 관습으로 죽은 친지들의 제사에서 여성들은 머리카락을 잘라서 바치는 풍습이 있었다. 따라서 가발이 발달되었는데 가발은 여러 가지 색깔뿐만 아니라 꽃과 뱀, 별 등으로 신분에 따라 몇 가지 모양으로 구분되어 각각의 이름을 붙였다.

웨이브나 컬 등을 만드는 손질 방법이 발달되었으며 다리나 가발 등을 사용하여 두발을 아름답게 장식하였다. 여성들은 가발과 땋은 머리를 사용하였고 노예들은 주인의 머리 모양을 만들 때 불에 달군 쇠를 사용하여 머리카락 끝까지 곱슬하게 만들었고 가끔은 얼굴 주위에 작은 곱슬머리를 만들어 솟아오르게 하고 뒷머리는 땋아서 늘어뜨리거나 둥글게 말아서 쌓아 올렸다.

앞머리는 짧은 컬 모양의 웨이브와 뒷머리는 여러 가닥으로 땋아서 둘둘 말아 올린 모양으로 단조롭고 산뜻한 머리 모양 오르비스 스타일과 로마시대의 대표적인 머리 모양으로 초생달 형의 프레임을 앞머리에 세워서 그 위에 컬을 쌓아 놓거나, 앞머리를 나란히 짧게 잘라 이마를 반쯤 드러나게 하는 옥타비아누스의 머리 모양이 대표적이다.

초기의 남성 머리 모양은 긴 머리와 턱수염을 자신의 상징으로 여겼으나 줄리어스 시저가 머리 모양을 짧게 같은 길이로 커트한 머리에 종려나무 가지나 액세서리로 장식하기를 좋아하면서 로마의 남자들 사이에서 유행하였다. 장식으로는 왕관, 보석으로 장식된 머리핀이 있었고 또한 식물성과 동물성 염색제와 탈색제가 사용되었으며 매춘부들은 노란 색 가발을 사용하였다.

4) 비잔틴시대

동로마 제국의 수도 비잔틴(현재 터키의 이스탄불)의 사람들은 화려하고 웅장한 것으로 머리에 쓰는 왕관이나 장식의 사용을 중요시하였다. 초기에는 로마 양식처럼 땋아서 밴드나 리본으로 묶거나 올리는 형태였으나 8세기 이후 머리를 보이지 않게 감싸는 형이 주류를 이루어 머리 자체의 형태보다는 머리 장식이 많이 발달하게 되었다. 왕관이나 헤어밴드로써 두발을 감기 위한 진주로 만든 끈은 상당히 호화스럽고 사치스러웠다. 동로마 제국 비잔틴은 동방의 진주 산지까지 교역이 이루어져 비교적 간단하게 진주를 구입할 수 있었다. 따라서 머리 장식으로서 뿐만 아니라 의상 전체에 진주를 넣어 만든 것이 상당히 많았고 진주를 취급하는 기술도 교묘함의 극치였다.

또 한편으로는 비잔틴의 여자들은 터번이나 베일로 머리카락을 안 보이게 하거나 두 갈래로 땋아 내렸다. 이것은 하늘을 향해 스스로를 부끄러워하는 겸양을 표현하였는데 현재까지도 황후나 귀족은 타이어 모양의 터번에 보석 장식을 하고 그 위에다 왕관을 쓰고 있는 모습에서 옛 여인의 우아한 자태를 짐작해 볼 수 있다.

그러나 남자들은 왕을 제외한 평민들은 대개 맨머리로 생활하였고 캡 모양의 모자를 쓰기도 하였다. 또한 수도원의 수도승은 후드 달린 가운을 입었고 수녀들은 머리카락이 보이지 않게 머리를 감추어 하늘을 향해 부끄러움을 감추기 위해 '캄프' 라는 것을 사용한 것으로 오늘날까지 상징적인 의미로 남아있다.

5) 13~14세기경 스타일

유럽의 미개시대에서 9세기경에 이르기까지는 멋을 낸다는 것은 가식적이라는 생각 때문에 긴 머리를 그냥 늘어뜨리고 다녔다. 자연 그대로의 머리를 소중히 다루고 함부로 자르지 못하게 하는 풍습이 있었으며, 이를 범하면 엄벌로 다스리는 엄한 사회적 규범이 있었다.

중세 후기에 들어가면서 십자군에 의한 동방의 영향이 강해져 동방의 문화와 함께 유럽으로 들어온 정교한 머리 장식이 받아들여졌다. 머리 모양에 대해서 교회는 큰 발언권을 가지고 있어서 머리를 자르거나 웨이브를 넣거나 하는 것을 금하고 있었다.

종교적 모임에는 머리 위에 천을 머리에 쓰는 것이 규칙으로 정하고 있었다. 또한 뒷목이 보이는 것은 예의에 어긋나며 크나 큰 수치로 생각하여 고지에르라는 부드러운 천으로 땋은 머리 밑으로 뒷목을 가리었다.

13세기에는 아래로 내려진 모발 형태는 없어지고 땋은 머리카락을 이마의 머리 선에 말아 붙이기도 하여 양쪽 귀 위에 소용돌이 모양으로 마무리 짓기도 하고 시니욘 풍으로 마무리하기도 하고 크레스핀이라고 하는 net 안에 두발 다발을 집어넣는 방법이 시작된다.

크레스핀을 쓴 위에 터번 모양의 것으로 하트 모양, 각이 진 모양, 둥근 롤을 올려놓은 상당히 다양하고 복잡한 모양으로서 금, 진주, 유리 등을 장식한 화려한 두 가닥 뿔 모양으로 장식하는 것이 에스코피온, 굵은 실이나 실크 끈 또는 금실로 만들어진 것으로 머리를 비단주머니인 크레스핀으로 모발을 감추어 거기에 진주, 보석 등 빛나는 것을 박아 넣고 이 위에 종종 보석으로 된 왕관이나 화환 등을 붙이는 머리 모양 등 다양하였다.

고귀한 귀부인과 시녀들은 크레스핀을 하고 에스코피온을 머리에 쓰고 그 위에 왕관과 짧은 베일을 얹었다. 이 중 가장 중세다운 특징은 얼굴만 보이게 하고 모든 모발을 숨기게 하는 원뿔 모양의 모자 에냉(hennin)의 출현이다. 에냉은 오리엔트의 문화에서 전래된 것으로 1미터 높이의 것도 있으며 바닥에 끌리는 긴 베일을 덮고 있다. 에냉의 높이는 부에 따라 다양하였으며 베일로 더 높게 하기도 하였다. 이와 같이 중세의 머리 모양의 역사는 거추장스런 모자류에 의한 머리 장식의 역사라고 할 수 있다.

6) 15세기

15세기의 여인들은 이마를 고의적으로 넓혔으며 솜털이 많은 여인은 청결하지 못하다고 여겨 부인들은 사람들이 모여 있는 장소에서도 털을 하나하나 뽑는 습관이 있었다. 남자들은 어깨까지 내려오는 웨이브 진 단발에 앞머리를 뱅으로 자른 스타일로 자연스러운 모습의 활동적인 스타일을 선호하였음을 당시의 회화나 초상화 등에서 알 수 있다. 이러한 것은 중세의 거추장스럽고 복잡한 머리 장식 후에 간편하고 활동적인 머리형을 볼 수 있다. 여성들은 끈 문화가 발달하여 가발과 끈을 교차시켜 머리를 돌려 감아 땋았으며 터번이나 베일, 머플러 등이 유행하였고 겹겹이 돌려 감아 땋은 머리나 머리 모양을 부풀려서 심을 넣고 머리를 커 보이게 하는 스타일들을 주로 하였다. 금속 헤어밴드로 장식을 하여 가발과 어우러져 고급스럽고 색다른 분위기를 연출하였다.

머리 장식 스타일에는 헤어네트로 싸는 형, 터번 모양이나 뿔 모양, 하트 모양 등이 있었다. 망으로 싸는 형은 원주형에서 원형으로 바뀌었고 땋은 머리를 그물망에 넣어서 코러네트인 작은 모양의 머리 장식에 붙였다. 또한 정교하게 수놓은 심을 넣어 둥글게 만든 롤과 함께 쓰기도 하였다.

터번형은 15세기 중기에 유행하였던 머리 모양으로 철사 틀에 비단을 주름잡아 만들고 별, 초생달 등의 장식이 있는 것은 터키 풍물의 영향을 받은 것으로 볼 수 있다. 이 터번의 재료는 비단이나 벨벳으로 하였고 진주나 보석으로 장식하였다. 이러한 장식품은 재산 목록에 들어가는 값진 것으로 유언장에도 등장하는 귀중한 유산으로 대대로 전해지는 품목이었다.

또한 이 시대를 특징 짓는 머리 장식으로 헤닌은 끝이 뾰쪽한 고깔 모양으로 딱딱한 재료로 원뿔형 모자를 만들고 겉에 비단을 씌운 것이다. 이것은 14세기의 에넹의 발자취에서 엿볼 수 있다.

7) 르네상스(16세기)시대

르네상스는 중세부터 근대에 있어 미술과 문화의 부흥을 의미한 유럽의 청춘이라 표현 할 수 있는 황금시대이다. 이 시기에는 이탈리아의 유행이 프랑스, 영국을 지배했지만, 프랑스에서는 프랑스다운 특유의 것을 부가시킨 새로운 감각의 형태로 만들어 갔다. 르네상스 초기의 헤어스타일은 리본을 서로 엮어 끈을 만들어 어깨에 늘어뜨린 것과 가르마를 탄 앞머리를 이마 및 부분의 턱선 길이로 잘라 컬을 만들고 뒷부분을 올려 가르다란 리본으로 모발 다발을 서로 묶었다. 당시 신부들은 주로 두발을 그대로 풀어 어깨에 늘어뜨려 화환을 왕관처럼 썼으며 머리 장식은 붉은 비단 위에 금실 그물을 사용했다. 신부 의상 또한 비단이나 비로드와 같은 붉은 색이었다.

르네상스시대를 대표하는 헤어스타일에는 오레올형으로 정중앙에서 가르마를 만들어서 이마부분을 약간 부풀게 하면서 뒤로 빗어 넘기는 시뇽 스타일과 리본으로 묶거나 진주로 네트를 장식하거나 엷은 가제나 린넨을 사용하여 화려한 후광을 곁들인 캡형 스타일이 유행했으며 1530년 이후에는 이마나 양 옆을 짧게 커트해서 컬로 말아 얼굴의 주위를 부드럽게 감싸는 여성스러운 스타일로 연출하여 웨이브를 만들고 뒷머리를 시뇽으로 정리 정돈하는 스타일이 유행하였다.

16세기 중엽에는 얇은 거즈로 만들어진 가장자리에 와이어가 들어간 하트형 모자가 사용되어졌다. 이 모자는 아티페라고 불리었으며 미망인의 모자라는 뜻으로 하트형 모자 위의 가장자리가 이마에 닿도록 된 것이 특징이다.

또한 기묘한 머리만 아니라 신체 전부를 감싸는 검은 망토로서 중세에 사용되기 시작하였으며 구리줄이나 나무의 테두리를 사용하여 크게 부풀려 새장 속에 몸이 들어간 듯한 머리 장식 휴크가 있었다. 이는 오늘날에도 프랑스의 농촌 지역에 남아 있다.

16세기 영국의 엘리자베스 1세는 궁중 복을 입을 경우 왕관과 어울리게 올백으로 머리를 곱게 빗어 넘긴 우아한 스타일에 머리를 뒤로 살짝 묶어 보석이나 구슬로 장식한 헤어네트로 덧 씌웠고 후광을 만들어 보석으로 장식하거나 뒷머리를 방추형으로 철사를 넣어 구부려 머리를 받치기도 했다. 또한 그녀는 금발을 하고 있었으나 빨강, 샤프란색 등을 가발에 염색하여 사용하기를 좋아하였는데 그녀는 80개 이상의 가발, 삽입모 등을 갖고 있었다. 여왕의 가발은 끝이 점점 가늘어지는 6인치의 모발로서 만들어져 웨이브를 많이 형성시킨 모양이었다. 이 시대는 머리 모양이 과장되었으므로 가발이나 부분가발이 대량으로 생산되어 가발을 대중적으로 유행시켰다.

8) 바로크시대(17세기)

17세기에 들어서면서 헤어스타일의 역사도 가장 흥미로운 시대로 접어든다. 헤어의 장식은 1608년경 이래 조금씩 머리의 높이가 낮게 되어 완성 시에 와이어 넣기보다는 패드를 넣는 방법만을 애호하게 되었다. 특히 이 시대에 있어서의 헤어스타일은 상당히 많은 변화가 있었다. 또한 새로운 머리형이 생기면 당시의 유명한 귀부인의 이름과 결부해서 유행하였다. 1673년에는 2100명의 이발사, 가발사의 조합이 파리시(市)에 설립되었다. 이것이 미용사가 사회적으로 단체를 결성하여 활약하기 시작하였고 여성의 머리를 손대기 시작한 샹 빠뉴는 최초의 남성미용사로 파리에 첫 이발소 간판을 낸 사람으로 기록에 남아 있다.

헤어스타일은 디자인에 따라 변천하여 17세기 초 러프가 성행하는 동안은 남자들은 짧은 머리가 유행하였고 1630년 이후에는 머리카락이 어깨를 덮을 정도로 길어 졌다. 앞머리를 눈썹까지의 길이로 자르는 단발형이나 컬이 있는 머리카락을 어깨까지 늘어뜨리는 등 1670년을 지나자 점점 크고 높게 되고 한 가운데로 나누워 가르마의 좌 · 우가 높게 변화되는 여러 가지 머리 모양이 나타났다.

프랑스 루이 13세 시대에는 젊은 왕이 자신의 대머리를 감추기 위해 가발을 사용하였는데 이로 인해 가발이 상류사회에서 유행하였으며, 유행한 남자 머리는 긴 머리를 어깨까지 떨구는 머리 모양이였다. 1690년 남자 모자는 크라운이 높고 넓은 챙과 깃털로 장식한 것이 애용되었다.

여성은 앞에서 뒤로 빗어 넘긴 짧은 머리형이 17세기 초에 유행하여 부드러운 웨이브를 만들어 틀어 올렸는데 탑 부분이 작아 보이게 손질하였다. 이 후에는 머리에 온통 곱슬곱슬하게 작은 컬이 덮인 계단형의 머리형이 많았다. 이러한 머리를 퐁탕쥬 스타일이라 하며 탑 부분을 부풀게 하고 사이드에 깃털로 세운 캡을 사용한 것도 대중을 이루었다. 머리카락에 갖가지 컬러 파우더를 뿌려 갈색이나 연두색, 회색을 띤 흰색 등으로 착색하고 포마드로 고정시켜 향수를 뿌렸다. 가발이 무겁고 단단하였기 때문에 실내에서는 가발 대신 Linen이나 wool로 된 cap을 덮어쓰는 풍습이 있었다.

이 시대에는 샤프란 색상으로 머리 염색을 즐겼으며, 염색한 후에는 포마드를 섞은 풀기가 누눅한 크림으로 세트를 하기도 했다.

영국의 여자들은 머리의 뒤에 후광처럼 퍼진 형을 한 엷은 가제나 레이스로 만든 머리 위에 쓰는 것을 즐겨 사용하였다. 또한 영국의 남성들의 머리는 모든 왕당파(캬발리에)가 긴 머리 장발을 좋아하였고 반대파(라운헤드)는 청교도적인 짧은 머리를 선택하게 되어 두 가지 스타일이 동시에 유행하게 되었다.

(1) 앙글레즈 스타일

앙글레즈는 당시의 세르빵또(뱀)라고도 불리고 있었다. 이 방법은 귀 아래로 2인치 정도의 길이로 모발이 길게 늘어지도록 만들지 않으면 안 되었다. 이 방법은 모발을 나누어 빠뾰뜨라는 머리 마는 종이를 써서 컬을 만들었는데 모발을 나누어서 빠뾰뜨의 스테크에 말아서 그대로 컬을 풀어지지 않도록 하고 머리다발을 쌓아서 아이론을 종이 위에 말아서 컬이나 웨이브를 내게끔 하는 것이다. 머리를 한 가운데 나누어서 감은 머리를 볼에 걸리도록 내려서 어깨를 가볍게 넘기고 남은 몇 가닥만을 앞으로 돌려내서 뒷부분의 머리와 함께 합쳐 양옆에 2~3 가닥씩 긴 컬(세르빵또)을 만드는 머리 모양으로 뒷머리는 역시 시뇽 스타일이였다. 이 머리 모양은 당시의 미용사나 가발사뿐만 아니라 가정에서도 일반적으로 사용하였다.

(2) 캬베츠 스타일

루이 14세 때 색다른 스타일에 캬베츠의 머리라 부르는 스타일이 있었다. 이마의 좌우에 커다란 컬의 뭉치를 만들어서 치켜 올리는 스타일이다. 뒤에 컬을 시니욘으로 하는 대신에 한 뭉치로 해두는 것을 '슈' 라고 불렀다.

(3) 퐁탕쥬 스타일

1690년대에 여성 머리형에서 가장 유명한 것은 진주와 보석 핀을 장식하여 높게 올린 퐁탕쥬라고 하는 우아하고 화려한 머리형으로 금 · 은 철사와 빗을 사용하여 양 옆으로 하여 머리를 불룩하게 하거나 타래머리를 사용해서 컬로 머리가 부풀어 숱이 많이 보이는 머리형이다. 머리에 커다란 리본을 매거나 양쪽에 가지런히 달기도 하였고 정면을 높게 핀컬로 꾸며서 그것을 지탱하기 위해 파세드라는 금속 철사를 넣어 컬의 부족분을 삽입모로 보충하기도 하였다. 앞머리는 약 6인치 정도로 테퍼 해서 모발 끝으로 갈수록 가늘게 만든 컬이 유연하고 부드럽게 만든 많은 컬은 아주 자연스런 느낌으로 내려서 목의 둘레에 그늘을 만들고 있다. 뒷머리는 시니욘과 같은 모양의 땋은 모발을 붙였는데, 양 옆의 컬이 모자란 부분에는 싱을 사용해서 풍부한 형태로 정리하였다. 싱을 올바른 단계로 붙이기 위해서 7, 12, 14인치의 세 종류의 테퍼된 머리를 기본으로 하여 헤어핀을 덧붙인 부분 모발에 꽂아 귀 주변의 컬된 부분과 잘 매치를 이루도록 만든다. 뒷머리의 모발은 아주 뒤로 당겨져서 가닥가닥 뒤로 떨어지게 한다. 이 머리 모양은 컬 부분에 장 · 단의 길이 차이가 있어 더욱 볼륨 있는 독특한 변화를 보여 준다. 치솟은 듯이 부풀려 올라간 이 머리 모양은 날이 갈수록 높아져서 처음의 아름다움은 없어지고 기묘하고 기괴하게 변화하게 되었다. 30년이라는 오랜 기간 동안 퐁탕쥬형의 스타일은 여러 가지 변화를 보여서 마드모아젤 드 퐁탕쥬가 창안해 낸 원래의 모습과는 전혀 다르게 더욱 호화롭고 사치스럽게 변화 되었다.

(4) 아롱제

여성의 퐁탕쥬에 필적하는 것에 남성의 아롱제란 가발이 있었다. 이 가발은 처음에는 작고 되도록 자연의 머리처럼 만들어져 있었으나 1670년을 지나 점점 크게 되어 한가운데로 나누어 가르마의 좌우가 높게 올라갔다. 길이도 가슴에 닿을 정도로 하고 거기에 파우더를 뿌려 남성의 머리 역사상 가장 거추장스러운 스타일이었다. 실내에 한가하게 있을 때에는 가발을 벗었고 자수가 있는 캡을 썼으며 본 머리는 깎아버렸다.

9) 로코코시대 (18세기)

로코코시대에 이르자 궁정 문화는 퇴폐의 극에 달했다. 이 18세기는 미발(美髮)의 역사상 전성기임과 동시에 특이한 시기이기도 했다. 유행이 이따금 과다한 부조화를 가져오게 하였고 머리의 경향이 극에서 극으로 이르는 가장 흥미 깊은 시기였다.

18세기에는 고가의 레이스를 충분히 사용한 퐁탕쥬로부터 시작하여 작은 머리 모양의 시뇽에 붙였던 캅프로 옮겨진다. 이 캅프 또한 중반쯤부터는 점점 퍼지기 시작했다.

루이 15세의 시대는 헤어 파우더 시대였다. 처음 두발에 뿌리던 파우더를 사용하기 시작된 것은 종교적인 의식에서만 사용되었던 것이나, 이 파우더 사용의 유행은 루이 14세 말기부터 시작하여 프랑스 혁명 시 약간 주춤했으나 거의 90년간을 파우더 사용이 압도적이었다고 본다.

루이 15세의 애인 퐁파두르 부인은 후세에 허영심과 낭비의 화신이란 혹평까지 받기도 했으나 살롱을 일으켜 문예의 비호자가 되었고, 머리형에 있어서도 퐁파두르 머리 모양은 가장 유명하여 여러 가지 의미로 역사에 이름을 남긴 인물이다.

이 퐁파두르 머리 모양은 이마에서 앞머리 전체를 높게 차양처럼 치켜올려 돌출시킨 높은 트레머리이다. 루이 16세의 왕비 마리 앙투아네트도 후세에 이 시대를 대변하는 모델이 된 거대한 헤어스타일을 탄생시켰다. 그녀는 타고난 호기심과 허영심에 천재라는 평이 있던 결발사 레오나르의 재능이 어우러져 머리는 하늘로 솟아오를 듯이 빗겨 올려지고 그 위에 생화, 깃털, 레이스, 리본, 보석 등과 함께 때로는 모형선까지 얹는 광기의 시대를 탄생시켰다. 당시 가발에 파우더를 뿌려 헤어스타일에 포인트를 주었는데 파우더의 색상은 흰색과 회색이 유행하였다. 가발의 재료로는 사람의 머리카락이나 말, 소, 염소 털, 송아지 꼬리털, 털실, 철사 등이 애용되었으며 이 시대에는 머리의 높이를 낮게 하고 뒤에서 한 묶음으로 묶거나 땋아서 리본을 매거나 끄라보라 부르는 검은 주머니에 넣어 끝으로 조이고 꼬리에 나비 묶음으로 한 피그 테일형, 앞머리의 모발을 전부 이마에 모아 꼬아서 모난 형으로 만들고 뒷머리는 어깨에 자유스럽게 하는 미르리톤형, 정면의 머리를 이어 포인트에서 이어 포인트로 나뉘어 구분해서 느슨한 컬로 작은 패드나 쿠션을 주어 그 위에 흘러내리는 마담 뒤바리형, 공상적인 헤어 드레서의 극단적인 면을 풍자하는 스타일로 크리놀린선으로 된 많은 패드로 주름을 잡아 머리 안에 넣었으며 프레임이나 와이어로 싱을 심어서 채우는 아방가르드 스타일 등 여러 스타일이 유행을 하였다.

또한 끝이 뾰족하고 길며 가는 막대기에 상아, 금, 은, 다이아몬드로 장식한 그라뜨와

르라는 것을 이용하여 머리의 속 두피에 집어넣어서 두부를 긁는 도구로 사용하였다.

10) 19세기

문화적인 면에서 대혁명이 터져 세상이 동란에 휩싸이자 머리의 파우더, 가발, 인조모발, 분가루, 무슈, 조화 등이 일시에 모습을 감추었다. 거리의 여자들은 앞머리를 짧게 컬을 하였고 뒷머리는 어깨까지 길게 늘어뜨린 머리 위에 청, 백, 적의 세 가지 색의 꽃다발을 장식하기도 하였다. 여성도 프리기아풍의 모자를 쓰고 머리를 짧게 자르고 프리코롤(삼색기)의 벨트를 매기도 하였다.

1804년에 나폴레옹이 의사와 이발사 일을 분리시켜 전문화시켰다. 청색은 정맥, 빨간색은 동맥, 흰색은 붕대를 표시하는 이발소의 간판 싸인 불 트레이드마크가 전 세계적으로 공통으로 사용되었다.

1805년부터 1820년 사이에는 한 옆으로 묶는 방법으로 좌렛 각각을 틀리게 하는 방법으로 묶어 올렸기 때문에 한 옆쪽은 붙여 고정시키고 다른 한쪽은 컬을 하여 부풀린 상태로 올렸다.

1840년대 이후에는 여자들의 헤어스타일은 앞이마에 곱실거리는 컬이 양옆으로 갈라져 나와 있는 것과 웨이브 없는 생머리를 가운데 가르마를 타고 양쪽으로 빗어 머리 뒷부분에 말아 붙이는 헤어스타일로 가운데 가르마를 타고 양 옆에 소시지와 같은 컬이 귀를 덮어 늘어뜨리고 목덜미 중앙에서 둥글게 뒷머리를 말아 붙여 꽃을 다는 머리 모양이 유행하였다.

또한 이 시기의 미의 특징은 핏기 없는 창백한 피부와 야윈 몸매에 퀭한 눈동자와 맑은 볼의 유령 형으로 세기말의 염세적이고 회의적인 사회 현상으로 나타났다. 이러한 사회적 분위기가 마른 형을 미인으로 여기게 했다.

로맨틱 시대의 여성들의 헤어스타일은 색깔 있는 리본이나 레이스가 달린 베일로 장식하였고, 활동하기 편한 심플한 스타일을 많이 연출하였으며 가는 컬보다는 보다는 굵은 컬로 머리를 부풀려 로맨틱한 분위기를 냈다.

이 시기에 베일(veil)은 대단히 유행하여 녹색의 그물, 혹은 백색, 크림색 등의 레이스에 그물을 덧씌운 것이 이용되었다. 보닛이라는 모자는 크라운 부분에 베일을 덧붙여 끈을 달아 묶어 평상시에는 정면에 내려뜨리고 어떤 때에는 끈을 잡아 당겨 베일을 넓게 펼쳐 사용했다. 이 시기부터 하얀 드레스와 베일을 쓴 신부 의상이 때때로 보이기 시작 하였다.

영국에서는 빅토리아 여왕이 왕위에 오르자 그리스풍의 영향을 받은 둥글게 말아 자연스럽게 어깨로 내려뜨리는 머리 모양이 유행하였다. 이 머리 모양은 대륙에도 커다란 영향을 주었으며 머리 가운데에 가르마를 두고 귀를 덮어 목덜미 아래로 점차 낮아지는 영국풍의 컬을 하였다.

1850년대 머리의 양 사이드는 평평하게 웨이브를 만드는 마셀 웨이브와 비슷한 방법이 나타났다. 웨이브라고 하여도 아름답게 파도치는 것이 아니라 단지 울퉁불퉁하게 단이 있는 듯한 느낌의 것으로 가운데를 가르마하여 곱슬곱슬하게 부분 가발 덩어리를 집어넣고 양 사이드를 부풀린 후 뒤에서 시뇽으로 고정시켰다. 이 시기부터 후두부의 아름다운 머리 다발을 묶어 넣는 넷트(net)가 머리 장식으로 유행하였다. 넷트(net)는 고대 이래 가장 많이 사용되어져온 머리 장식용 액세서리로 이전까지는 코르락이라 불려왔으나 이 시기 초부터는 넷트(net)라 명명되어 상당히 유행하였다. 이것은 철사가 들어 있는 리본으로 머리 위에 잘 고정 시킬 수 있도록 만들어진 것이다.

19세기 후반에 여성 머리 모양은 둥글게 감거나 땋은 머리를 높이 올려 두상이 갸름하게 보이도록 노력하였다.

이 시대 남성의 머리 모양은 웨이브가 주역이었다. 스트레이트한 모발의 남성은 컬 아이론으로 펌을 하여 여성의 머리 모양과 같이 이마 위에 특히 많은 컬을 만들었다. 다른 한편 장발 경향을 띈 긴 머리에 헤어오일을 발라서 모발이 번들거리고 윤이 나게 하거나 로마인들처럼 보이려는 경향이 있어 부루터스 커트라고 하는 짧은 스타일이 유행하였다.

또한 유럽에서는 턱수염이 한 때 유행하였는데 이는 정치적인 동지 의식을 교류하면서 국가 정책에 저항하는 상징물처럼 사회 가치관의 유행 현상으로 많은 남자들이 곱게 기른 구렛나루를 19세기 후반까지 자랑스럽게 여기며 덥수룩할 때까지 경쟁적으로 길렀다.

11) 20세기 스타일

20세기는 '발명의 세기' 였다. 산업화의 등장으로 영화, TV등의 메스컴을 통하여 세계는 서로 교류하며 화장, 헤어스타일, 의상 등 여러 가지 면에서 유사한 발전을 겪게 되었다.

1901년 마사지 크림이 생산된 후 연이어 샴푸, 매니큐어 등이 대량생산되었다.

1907년 미국의 Eugene scheller가 인공 합성 머리 염색약을 발명하여 Aureole라 명명하였는데, 후에 Loreal로 제품명이 바뀌었다.

당시는 모발 색상에 있어서 블론드의 색이 유행하였는데 자연주의적 환경보호의 개념이 발달하면서 식물에서 추출한 헤나 염료를 바탕으로 적갈색의 색상이 블론드를 대신하였다.

헤나는 북아메리카 부근의 습지에서 자생하는 식물인데 꽃잎이나 잎을 말려서 가루로 만들어 염료로 사용하였다.

1901년에서 1910년경까지 영국 시대의 머리형인 오레올(15세기)과 퐁파두르(18세기)풍의 머리형으로 앞머리가 높고 조금 앞으로 나왔으며 가운데 가르마로 양 머리를 나누어 양 옆을 부풀게 하고 하트형으로 새롭게 정리한 머리 모양이 유행했다.

세계 1차대전 후의 머리 모양은 모발 끝을 얼굴 쪽으로 나부끼는 짧고 깔끔하며 간단한 머리 모양으로 활동적으로 보였고 중성적인 이미지를 사회에 반영시켰다.

미국의 중상류층은 수도설비의 보급과 더불어 멋진 인생을 즐기기 시작하면서 간편하고 잔손질이 가지 않은 심플한 스타일로 한 가운데 가르마를 탄 헤어스타일이 선풍적으로 유행하였으며 헤어 오일과 장미향을 섞어 만든 두발용 헤어드레싱 토닉 등이 시판되었다.

Permanent hair wave 의 발명은 1906년 런던의 Charles Nessler에 의해 이루어졌다.

처음에 한 사람당 8시간에서 12시간이나 걸려 만드는 웨이브를 위해 참을 수 있었던 부인은 최초 일년간 10명 안팎이었다고 한다. 비용도 천 달러로 누구나 할 수 없었고 유럽에서 환영받지 못하였다. Nessler는 미국으로 건너가 후에 이것이 실용화되면서 오늘날에 이르게 되었다.

1920년대에 남자들의 헤어스타일은 머리카락을 앞에서 뒤로 빗어 넘기는 머리형이 유행하였다. 앞가르마나 옆가르마를 타고 윤이 나는 오일이나 포마드 등을 머리에 발라 올백형으로 머리카락이 달라붙게 빗었다. 또 이 시대에는 영화산업의 영향으로 많은 보브 스타일이 있었다. 보브(bob)란 말이 사용된 것은 18세기에 여성의 머리가 아니라 남성용 가발에 붙여졌던 이름으로 이 보브 스타일이 여성의 머리 모양으로 다시 유행하게 된 것은 아일린 캐슬이란 무용가가 머리를 짧게 잘랐는데, 이것이 세계 1차대전 이 후 여성들 사이에 유행하게 되면서이다. 역사의 인물 중 단발 스타일을 하여 유명했던 사람은 잔 다르크이며, 그녀는 사발을 거꾸로 엎어 놓은 듯한 보브 스타일인 15세기의 남성 머리형을 하고 있었다고 한다. 매니쉬 보브라는 것은 길이에 미세한 단차를 둔 커트로 현대에서는 그라데이션 커트라고도 한다.

1950년대에 마릴린 먼로의 염색한 모발에 대한 편견이 있었으나 여러 가지 색상의 모발염색이라는 새로운 시대가 열렸고 여러 종류의 색깔들이 조화를 이루면서 공존하였다.

또한 짧은 머리가 유행하는 한편 긴 머리를 부드럽게 빗어 올린 한쪽에 모자와 베일이 씌워져 우아하고 낭만적인 여성미를 표현하였고, 엘비스 프레슬리는 뒤로 빗어 넘기는 Duck tail 헤어스타일로 젊은이들 사이에 팝 음악과 함께 머리 모양을 유행시켰으며 제임스 딘은 '이유 없는 반항' 에서 조용한 반항아를 상징하는 상고머리 스타일을 유행시켰다.

1960년대 초기에 비달 사순의 어시메트릭(비대칭) 커트는 새로운 혁신과 창조성으로 작품을 선보였고 1964년에 화이브 포인트에서 기하학적 형태의 스타일을 선보였다. 그의 기하학적인 커트는 율동적이고 볼륨 있는 스타일로 깨끗한 모양으로 전체 길이에 층을 주어 손질하기 쉬운 헤어스타일을 만들었다. 이 머리 모양은 간편하여 직장여성이나 대학생들에게 인기를 끌었다.

또한 아프리카 룩이 유행하면서 흑인 여성의 곱슬한 킨키 머리 모양과 자잘하게 집어놓은 나이아가라 펌으로 이집트 클레오파트라 헤어를 연상시키는 복고풍 스타일이 선보였다.

1980년대는 칼라나 브릿지가 강세를 보였고 자연으로 돌아가라는 사회적인 구호와 함께 내츄럴한 스타일로 자연스럽고 청순한 다이애나 비의 헤어 스타일인 바람머리는 세계인들에게 폭발적인 인기였다. 이 머리 모양은 드라이를 한 듯이 율동감이 있고 생기 발랄한 헤어스타일로 손질하기 간편한 중성적인 머리 모양으로 남녀 모두가 공유하고 즐기어 크게 유행하였다.

또한 메스미디어의 영향으로 1992년부터 세계적인 헤어 컬러링의 테마가 블론드에서 와인색 계열로 바뀌는 과도기였다. 이후로 와인색이 유행을 주도하면서 다양한 헤어 컬러의 컨셉이 도입되었다. 하나의 고정된 염색 기법보다는 투 터치, 쓰리 터치, 포인팅 컬러 기법 등 새로운 컬러 테크닉이 유행을 리드하게 되었다.

2. 한국의 미용

1) 고대

우리나라의 미용을 역사적으로 고찰하는 데 있어서 그 자료의 부족함은 어쩔 수 없는 사실로 유적지의 유물이나 고분 출토물 등과 고서에서 그 대략적인 면모를 엿볼 수 있다. 고서에 의하면 단군 왕검 환웅이 백성들로 하여금 머리카락을 땋아서 늘어뜨려 편발을 하도록 하였다고 한다. 이 편발 풍속은 위만 조선 이전부터 땋아 늘였던 머리를 한데 뭉치거나 머리꼭지인 정수리 부분에 둥글게 묶어 둘둘 말아 올린 뭉치 상투 형태로 변해 갔다.

2) 삼한시대

(1) 마한

마한인은 머리카락을 길고 아름답게 가꾸는 것을 좋아하였으며 남자들도 상투를 틀어 정수리에 올렸다. 성인 남자는 상투를 하고 미혼 남자는 머리를 풀어 늘어뜨린 모습을 볼 수가 있다. 이러한 풍습은 고대 한족이나 동북 아시아족 특유의 풍습이다.

또한 땋은 머리를 백이어 포인트까지 말아올려서 뒷머리에 납작하게 붙이기도 하였다. 이 시대에는 남녀 구분하여 남자의 머리 모양인 각(角)과 여자의 머리 모양인 기로 나누어 쌍상투를 하였다. 가례를 갖추기 위하여 머리털을 감추는 권책과 넓은 수건인 두건을 쓰기도 하였다. 어른들은 머리를 길러 단발(斷髮)을 하였으나 쌍발(雙髮)은 동자들의 머리 형태로 총으로 머리를 묶는 것을 총각이라 하여 아이들의 두발을 양으로 갈라 뿔 모양으로 동여매는 머리로 동자들의 쌍계는 곧 총각을 의미했다.

(2) 변한, 진한

진한과 변한에서는 어린아이가 태어나면 머리를 눌러서 각이 지게 머리를 변형시키는 편두의 풍습이 있었다. 편두의 풍속은 두상의 뒷부분을 눌러줌으로써 뒷부분에 상투를 틀어서 돌출시키기에 편리한 형태라 짐작된다. 이는 뒷머리를 납작하게 만들어 평퍼짐한 두상을 선호했던 당시 유행에서 비롯되었으리라 여겨진다.

《동국이상국집》의 기록에 의하면 고조선시대에 해모수가 머리에 까마귀 관을 썼으며 하백녀가 금비녀를 빼어 가죽 수레에 구멍을 뚫고자 하였다. 이것은 지배 계급에 한정된 원시적인 상태의 진보된 머리 장식이었음을 알 수 있다.

3) 삼국시대

(1) 신라시대 (A.D. 57~ 688)

신라 여인들은 모발을 아름답고 길게 가꾸었으며 부인들은 머리를 땋아서 감아올리고 비단구슬로 아름답게 장식하였다. 머릿기름을 곱게 바르고 빗살이 고운 참빗으로 부풀지 않게 빗은 다음 뒤통수에 낮게 땋아 쪽 지어서 비녀를 꽂았고 둘둘 말아 틀어올린 낭자머리에 댕기를 넣어 비녀와 뒤꽂이를 꽂았다. 또 신라 사람들은 가체를 사용하였는데 장발의 처리 기술이 뛰어 났으며 이를 금, 은, 주옥과 오색 비단으로 꾸며서 머리형으로 신분과 지위를 나타내기도 했다.

또한 동백, 아주까리, 수유열매로 머릿기름을 만들어 사용하였는데 이 머릿기름은 한국인들이 아름다움의 기준으로 삼는 검고 윤기 나는 머리카락을 가꾸는데 매우 적합하였다.

(2) 고구려 (B.C. 37~A.D.688)

불교의 전례와 함께 불교 의식에 따른 목욕과 향이 사용되었던 삼국시대에는 머리형으로 귀천의 차이를 나타내었다. 깨끗한 것을 좋아하고 용모가 단정한 것을 숭상하였으며 예(禮)를 중시하는 풍습 때문에 기혼이나 미혼을 구분하기 위하여 머리를 땋거나 상투를 틀었고, 미혼 여성은 머리를 땋아 내리고 기혼 여성은 머리를 두 가닥으로 땋아 올려 구분하였다.

여자들은 얹은머리, 쪽진머리, 묶은머리, 쌍계를 하였으며 남자는 상투머리에 절풍 모자를 썼으며 신분이 높을수록 깃털이 많은 조우관을 썼다.

《당서》에 보면 여자들이 가발을 사용했음을 알 수 있으며 벽화에서 보듯이 부인들이 가발을 이용해 크게 얹은머리로 자신의 신분이나 지위를 상징했음을 알 수 있다.

(3) 백제(B.C.18~A.D.683)

백제 사회는 북방에서 내려온 유목민과 한강 유역의 토착민 집단이 결합하여 이루어졌다. 사람들은 마한인들의 전통을 계승하여 남자는 상투를 틀었다. 부인은 머리를 두 갈래로 땋아 틀어올려 쪽을 지고 미혼인 처녀들은 머리를 땋아 뒤로 드리우거나 땋아서 얹어서 한 가닥은 풀어서 장식을 하였고 한 갈래나 두 갈래로 땋아서 양옆으로 늘어뜨린 댕기머리를 하였다. 납작한 두상을 좋아하여 아이가 태어나면 뒤통수를 눌러 납작하게 했다고 하는데, 이런 풍습은 돌출된 두상보다는 평퍼짐

하고 납작한 두상에 여러 가지 장식이나 가발 등을 사용하기가 편리하였고 더 아름답게 조화되었으리라 본다.

4) 통일신라시대(A.D.688~935)

대외적으로는 당나라 문화를 중심으로 한 국제 문화 조류에 직접 참여하여 한층 더 세련된 문화를 발전시켰으며 귀족 문화의 발달이 절정에 달하면서 지배층의 생활은 사치스럽고 화려했으며 향락적인 방향으로 흘렀음을 고분에서 나온 많은 유물에서 당시의 궁중 생활과 귀족 생활의 모습을 짐작할 수 있다. 머릿기름을 담은 토기유병과 유리로 만든 향유병이 있었다. 출토된 고분에서 토기유병이 많은 까닭은 머릿기름을 대중적인 정발을 하는데 필수품으로 널리 사용했으리라 추정되며 깨끗하고 고상한 이미지 표현에 신분이나 지위를 나타냈다.

귀족들은 당나라에서 수입한 매모(거북이 껍질)로 장식한 빗과 옥잠, 봉잠, 용잠, 각잠, 산호잠, 국잠, 호도잠 등 여러 가지 비녀를 사용하고 서민들은 돌, 놋쇠, 등으로 만든 비녀를 사용하였다. 이 시대의 남자들은 사산조 페르시아의 영향을 받아 정수리가 뾰족하게 솟노록 상투를 틀고 전발(단발)을 하기도 했고 여성은 가발을 사용하는 얹은머리를 즐겨하였다.

5) 고려시대(A.D.918~1392)

신라의 풍속이 거의 전승되어 미혼 남녀는 머리를 묶고 나머지는 늘어드리는데 여자는 홍라를 남자는 흑승으로 중발머리 형태로 묶었다. 부인들은 머리를 묶어 오른쪽 어깨에 드리우고 나머지는 아래로 늘어뜨렸다. 원의 침입에 의해 남성들은 개체 변발을 궁에 사는 왕족과 신하들이 즐겨하였고 백성들은 일부만 애용하였다.

고려시대 초기 귀족 여성들은 무거운 가발을 착용하였으나 후에는 쪽진 머리와 비슷하게 머리 다발 중간에 갑사로 만든 삼홍색의 댕기로 묶은 형태의 머리 모양으로 귀천에 관계없이 동일했다. 1389년 이후에는 다시 고유한 상투와 얹은머리로 돌아가 비녀를 사용하였는데 머리 부분에 봉황 또는 닭 머리 모양을 조각한 것이 있었으며, 은비녀는 비녀머리에 옥으로 만든 꽃 모양을 붙여 장식하였다.

무엇보다도 이 고려시대에는 면약이 사용되고 있었다는 점과 염모가 행해지고 있었다. 고려 말엽에는 머리 염색이 서민 사회에까지 확산되어 있었다. 염모제로는 숯, 재, 옻나무 등 순수 원료를 사용하여 백모를 커버했다.

6) 조선시대(1392~1876)

초기에는 유교의 숭상으로 고려시대에 비하여 검소하고 간략해졌으나 중국 명나라의 영향을 받아 점점 가체가 높아지기 시작하고 화려하게 꾸미기를 좋아하게 되었으며, 사치 풍조와 폐단이 극심하였다. 영조 32년 사대부가의 부녀자들에게 가체 금지가 있었으나 족두리의 폐단이 심하여 원래의 체계로 환원되었으며, 정조는 '가체신금 절목' 을 실시하여 가체제도가 금지되면서 민간에게는 칠보 족두리를 사용하게 되었다.

조선시대 여성들의 머리를 수식하기 위하여 사용했던 머리 장식품에는 각종 비녀와 여러 가지 형태의 뒤꽂이, 궁중이나 상류층에서 사용하던 첩지와 떨잠, 그리고 머리를 수발하기 위한 댕기가 있다. 그 밖의 두발 장식품으로 비녀, 뒤꽂이, 빗치개, 떨잠, 첩지, 화관, 족두리, 떠구지, 댕기, 전모, 빗 등이 있다.

(1) 가체

중국 명나라의 영향을 받아 점점 가체가 높아지고 화려하게 꾸미기를 좋아하게 되었으며 사치와 폐단이 극심하였다. 사대부가의 여인들은 머리의 가체가 크면 클수록 위상이 정립된다고 느껴져 너도 나도 앞 다투어 큰 머리를 하였다.

(2) 상투

상투는 성인이 된 남자의 머리털을 끌어올려 감아 맨 머리를 말한다. 상인과 낭인은 머리를 틀어 매 놓거나 댕기를 두르기도 했지만, 양반집 대감들은 머리를 틀어 매는 데에도 많은 격식이 있음을 알 수 있다.

(3) 대수

주로 궁중에서 왕비의 의식용으로 대례복과 같이 사용하던 머리 형태로써 앞에서 보면 머리 정상은 고계를 만들고 그 밑으로 좌우 어깨까지 내려오면서 가체로 펼쳐진다. 뒷부분도 앞과 같으나 중간에 종적으로 머리를 땋고 그 위에 댕기를 묶고 있는 궁중 의식용의 큰 가체이다.

(4) 얹은머리

빗어 넘긴 머리를 뒤에서 두 가닥을 내고 왼쪽 가닥은 오른쪽으로 오른쪽 가닥은 왼쪽으로 교차시켜 그 끝을 앞머리에 고정시킨 것으로 보통 그 위에 흑색 가리마를 얹기도 하였다. 얹은머리는 조선 중기에 유행하여 달비가 성행하였으며 달비를 틀어올려서 머리를 더욱 크게 만들어 부를 나타내기도 했다.

(5) 거두미

정조 발제 개혁 이전에 궁중의 상궁 또는 중인 집안의 여인네들의 머리 모양으로 머리 위에 머리를 땋아올린 모습을 말한다. 일명 큰 머리라고도 하며 부녀자들의 대소 혼례나 의식 때 사용하였다. 모발을 앞 중앙 가르마에서 두 갈래로 나누어 묶어 역삼각형 모양으로 머리 위에 얹는다. 가발을 사용하여 만들며 나무로 모양을 비슷하게 깎아서 사용하며 머리가 클수록 호사스럽게 생각하였다.

(6) 어여머리

의식 때 대례복을 입는 왕비, 옹주, 공주가 할 수 있는 두발형으로 먼저 가르마 위에 첩지를 매고 그 위에 족두리를 쓴다.

어여머리는 다리 일곱 꼭지를 한데 묶어 두 갈래로 땋아 어염족두리 위에 얹고 그 위에 다래로 된 큰 머리로 얹어 옥판과 화잠으로 장식하고 비녀와 매개댕기로 고정시켰다.

왕비나 공주, 옹주는 중심과 양 옆에 떨잠을 꽂아 호화로운 수식을 많이 하여 명절이나 생일 등 예장용으로 하는 두발형이다. 궁녀 중에는 지밀상궁만이 했으며 일반인들도 잔치와 혼례 때에는 사용이 가능하였다.

(7) 또야머리

어염 족두리를 쓰고 그 위에 다래로 된 큰 머리를 얹어 옥판과 화잠으로 장식하였다. 예장용으로 궁중에서나 관가의 부녀자들이 사용하였고, 상궁은 지체 높은 지밀상궁만이 할 수 있었다. 여인들이 예절을 지키기 위해 의장 때 머리에 얹는 큰 머리에 대어 틀어 쪽진 머리를 말한다. 영조 때에는 주로 외명부의 의식용으로 또야머리를 하였는데, 조선 후기에는 일반인도 잔치와 혼례 때에 사용하였다.

(8) 트레머리

큰 머리의 축소 형태로 두 갈래로 땋아 머리 둘레를 한 바퀴 돌려 정수리에 고정시키는 것으로 양쪽 갈래로 세 가닥씩 땋아 뒤로 틀어올린 뒤조짐으로 묶거나 댕기로 묶었다고 한다. 가발을 상용하여 남의 머리를 땋아 얹은머리 위에 여러 가지 떨잠으로 장식하였다. 양반들은 좋은 다리(가발)을 얹고 빨간 댕기를 매었으며 평민들은 풀 머리로 초라하게 얹었다.

(9) 코머리

부녀자들이 자기 본래의 모발을 한 갈래 또는 두 갈래로 땋아 머리끝에 빨간 댕기를 돌리고 머리 둘레를 감아 올려 머리끝이 옆으로 오게 고정시킨 머리 형태이다.

(10) 쪽진 머리

가체를 금한 후 가장 일반적이고 대표적인 머리 양식이다. 양갓집 부녀자나 혼인한 여인네들이 단정하게 틀어올려 뒤 꼭지에 곱게 빗어 비녀를 꽂았다. 신분에 따라서 비녀의 모양이나 재질이 달랐다.

(11) 첩지머리

궁중 여인들이 평상시에 한 머리 가르마 가운데 첩지를 두고 좌우 긴 머리털을 느슷느슷 양쪽으로 땋아 끝 부분에 자주색 댕기를 이용하여 뒷머리와 함께 묶어 쪽을 진 머리다. 첩지는 신분에 따라 그 모양을 달리했고 금, 은봉 첩지의 경우 왕비를 비롯하여 왕자비, 왕손비가 사용하였다.

(12) 새앙머리

궁중의 미성년자 나인들이 했던 머리 형태로 뒤에서 두 가닥으로 갈라 양쪽 다리꼭지 두 개를 넣고 두 줄로 땋아 내린다. 밑에서부터 쌍상투 같이 갸름하게 나란히 붙이고 엉덩이까지 내려오게 무늬 있는 자주색 긴 댕기로 드리우는 형식이다. 궁중 아기 나인의 머리 형태로 양반가에서는 정초나 동지에 규수들이 입궐 시에 새앙머리에 떨잠을 꽂기도 하였다.

(13) 조짐머리

종친이나 양반집의 부녀자들이 문인차 입궐할 때 첩지와 더불어 매었으며, 궁중에서 빗는 정발형 중 가장 약식으로 만든 가체의 일종이다. 낭자를 트레머리처럼 크게 틀어 첩지 끈과 함께 쪽을 진 후 비녀를 꽂는다. 정조때 발제개혁 이후 얹은머리 대신 쪽진머리를 하게 함으로써 쪽을 돋보이게 하기 위해 생겨난 것이라고 본다.

(14) 땋은 머리

혼례를 올리지 않은 처녀총각의 머리 형태로 가체를 사용하기도 하였으며 양반가의 규수들은 귀밑머리로 귀를 가리고 일반 처녀들은 가리지 않았다.

(15) 종종머리

나이 어린 소녀들의 머리 형태로 앞가르마를 똑바로 타고 양쪽에서 땋아온 모발을 뒤에서 다시 합하고 매어 어린이용 도투락댕기 또는 말뚝댕기로 장식하였다.

7) 개화기와 일제 치하(1876~1945)

1895년 고종 때 대내외적인 정세 변화로 탄생한 김홍집 내각은 갑오개혁을 단행하여 개혁 작업을 진행하였는데 이중 하나가 단발령으로 남자들의 상투나 떠꺼머리 총각들의 댕기머리를 나라의 명령에 의해 강제로 자르게 했다. 이후 많은 반발이 있었으나 남자들은 머리를 짧게 깎고 양복을 입기 시작하였다.

1920년대에 들어서자 이숙종 여사의 높은 머리와 김활란 여사의 단발머리가 우리나라 여성들의 두발형에 혁신적인 변화를 일으켜 일대 선풍을 일으켰다.

1933년에는 일본 영화배우를 했던 오엽주 여사가 일본에서 미용연구를 하고 돌아와 서울 종로에 있는 화신백화점 내에 화신미용원을 개설하면서 두발형의 개화와 변혁을 가져왔다. 이 후 여자들도 1934년부터 단발형의 머리 형태가 유행되기 시작하였으며 1937년경부터 퍼머넌트 웨이브가 전파되었다.

8) 현대

우리나라의 여성들이 신문명에 의한 미용에 눈을 뜨게 된 것은 한일합방 이후부터로 일본이나 중국 등 외국 각지를 순방하거나 공부하고 돌아온 신여성 등에 의해서 급진적인 발전이 이루어졌다. 헤어스타일은 어깨선보다 짧은 단발머리에 퍼머넌트를 하여 옆 가르마를 하는 것이 유행하였다.

해방 후 1945년 이후로 전기 퍼머를 많이 사용하였고, 전기 사용을 중단하자 불 퍼머를 개발하였다. 광복 후 제일 먼저 미용학원을 개설한 오엽주 선생은 미용업의 권익 보호와 친목을 위하여 미용조합연합회를 구성하였고, 임형선 선생은 예림미용학원, 김상진 선생이 현대 미용학원을 설립하였다. 1947년에는 미용사 자격시험준비위원회를 구성하였으며, 이론 시험으로는 환경위생 중 소독법과 실기로는 핑거 웨이브, 세트, 퍼머 등이 있었다. 광복 후 3년이 지난 1948년 10월 1일 서울 시청에서 서울시 제1회 미용사 자격시험 합격자 발표를 하였다. 6 · 25동란 후 사회가 안정됨에 따라 미용사의 양성이 절실해지자 국내에서 처음 권정희 선생께서 우리나라 최초로 정화고등기술학교를 설립하여 많은 미용인을 배출하였다. 이 후 계절과 연령에 따라 헤어스타일이 다양해졌으나 외국 영화배우들의 모습에서 모방된 것이 많았고, 신문과 잡지에 소개되는 많은 정보로 인해 획일적으로 유행하기도 하였다.

1960년대 초에는 앞머리와 귀 양 옆에 높이를 주어 귀가 반쯤 나오는 길이로 둥글게 마무리한 그라데이션 보브 스타일인 '듀오라인' 일명 바가지머리로 시원하고 발랄한 이미지를 표현하였다. 이 시대는 커트 기술의 향상과 다양화로 머리 모양의 변화가 많았으며, 업 스타일과 보브 스타일이 유행하였다. 또한 비틀즈의 보브 스타일도 음악과 함께 폭발적인 인기가 있었다. 1965년경부터 가발 사용이 증가하였으며 1967년에는 동양인의 큰 얼굴과 편편한 두상을 보안하기 위하여 조형미를 나타내는 기하학적 헤어 커팅 스타일이 유행되었다.

1970년대 초기에는 우리나라에서 커트의 개념이 긴 머리를 그냥 자른다는 개념에서 모발을 각도에 의해 모발을 나누어서 기하학적으로 자른다는 개념으로 바뀌어 정립된 시기이다. 또한 해외로 미용 연수를 떠나거나 해외의 미용 세미나에 미용인 들이 참석하기 시작했다. T.V시대인 70년대는 대중매체를 통한 급격한 유행으로 영화를 통해 배우들의 선풍적인 스타일이 유행했다. 이 시대는 대체로 퍼머넌트와 커트 기법을 병용한 헤어스타일이 주류를 이루었다.

1980년대에는 흑백 T.V에서 칼라 T.V로 전환함으로써 색깔에 대한 관심이 대중매체를 타고 더욱 확산되었으며, 유행의 흐름 또한 하루가 다르게 창조되어 일반인들도 손쉽게 모방할 수 있었다. 크리퍼(Clipper), 레이져(Razor)를 사용한 커트인 펑크 헤어스타일, 또는 디스코 머리 같은 중성적인 헤어스타일이 유행하였고 브룩쉬윌즈의 눈썹과 같은 자연적인 굵은 눈썹이 유행했다. 또한 헤어디자이너의 감성과 감각이 빛나기 시작하였으며, 다양한 커트와 퍼머넌트 기법이 개발되었고, 굵고 자연스러운 웨이브와 스트레이트 퍼머넌트가 선호되었다. SHAMPOO, RINSE, TREATMENT 등 다양한 정발제와 STYLING제품이 개발되어 가정에서도 모발을 관리할 수 있게 되었다.

1990년대에는 패션의 다양화와 컬러의 하모니를 들 수가 있다. 개성을 추구하는 풍조가 정착되면서 라이프스타일에 따르는 자신의 개성을 한껏 부각시키는 헤어스타일이 유행하여 정확히 어떤 스타일이 유행했다고 정의할 수는 없다. 획일화된 헤어스타일보다는 자유분방하고 톡톡 튀는 아이템을 선호했다. 한편 손질하기 쉬운 헤어스타일로 다양한 색으로 모발의 색을 바꾸어 주는 염색 및 탈색의 컬러 시대가 되면서 여러 가지 색깔을 다양하게 모발 사이사이에 넣어 느낌이 산뜻하고 생동감 있게 헤어 전체에 입체감을 주어 위빙을 즐기는 여성들이 점점 많아졌으며, 롱 헤어 웨이브 사이사이에 눈에 띄는 포인트 컬러를 하여 시선을 이끄는 컬러의 부드러움과 윤기를 주는 스타일도 등장하고 있다.

한편 빠르게 변화하는 현대인의 편리주의 성향으로 내면적 욕구를 표현하려는 패션 가발이 대중화되었고 1998년 헤어월드 참피온 쉽을 서울에 유치하여 세계에 한국 미용의 위상을 높였으며 민간 외교로서 한국의 미용을 세계의 여러 나라에 알리는 계기가 되었다.

또한 매직 아이론이 등장하여 새로운 스타일로 축모 교정술이 유행을 리드하여 60년대의 둥그런 아이론을 넓고 크게 만든 매직 스트레이트 기구를 이용하여 윤기 나고 찰랑찰랑한 스타일을 창출해 내면서 드라이어의 대체품이 되고 있다.

또 일부 연예인들을 중심으로 가발이 아닌 모발 이어 붙이기(익스텐션)로 짧은 머리를 길게 만들어 주었다. 또한 건강한 모발을 유지시키기 위한 모발 및 두피 트리트먼트의 중요성이 부각되어 새로운 시스템을 도입하여 탈모, 비듬 두피 등에 관한 새로운 정보의 도입과 전문화 시스템을 갖추어 가고 있다.

2000년 밀레니엄 시대에는 톡톡 튀는 다양하고 독특한 Coloring시대가 시작되었다. '모든 형식의 고정 관념은 거부한다.' 틀에 얽매이지 않고 자유로움 속에서 무엇인가를 창조해 내는 소리 없는 아우성, 미완성에서 완성의 출발점을 발견하는 시대로 변화되어 가고 있다.

제 2 장 헤어 스타일

1 도구와 설명
2 땋는 머리와 꼬는 머리
3 올림 머리
4 한복 머리
5 일본 머리

1. 도구와 설명

1) 핀과 빗

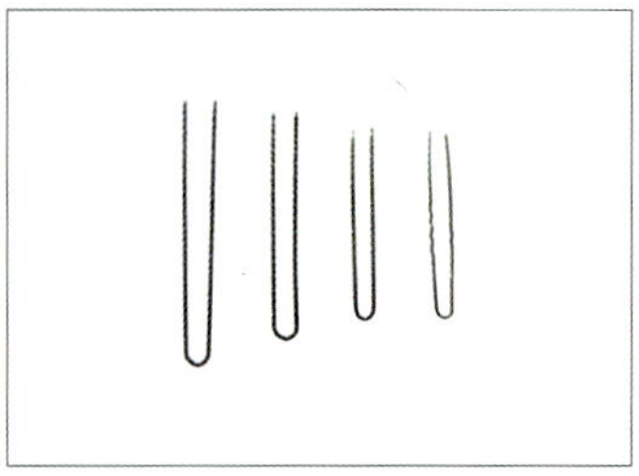

많은 양의 모발을 고정할 때 사용하나 토대가 없을 경우는 고정이 안 된다. 머릿결 방향대로 고정을 하여 핀이 보이지 않게 하는 것이 좋다.

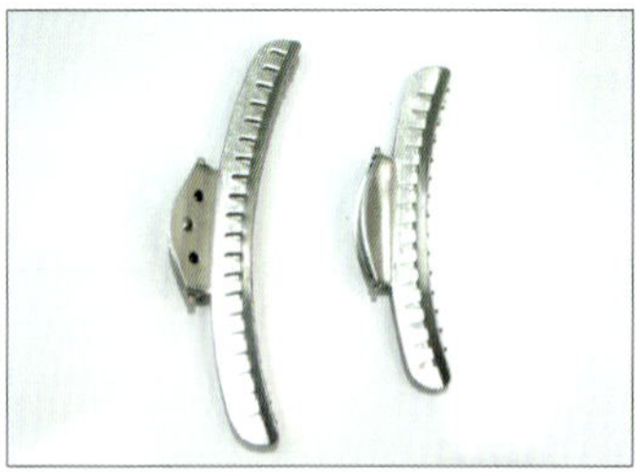

완성 단계에 있는 스타일에 C컬 또는 S컬의 릿지를 강하게 만드는 도구로 웨이브 낼 때 사용한다.

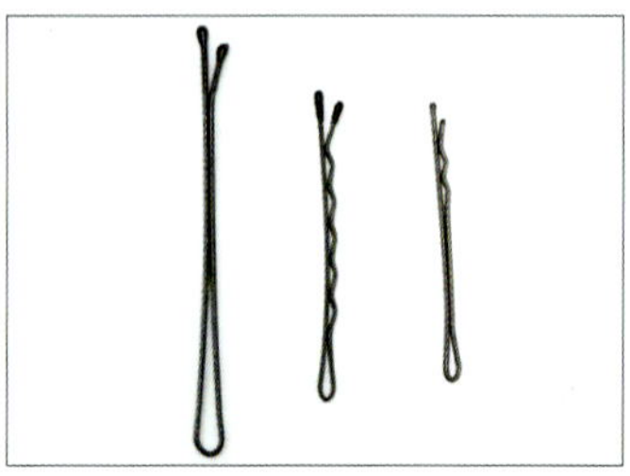

일반적으로 가장 많이 사용되는 핀으로 어느 곳에나 고정이 되지만 모발의 양에 맞게 핀을 사용해야 모발이 확실히 고정된다.

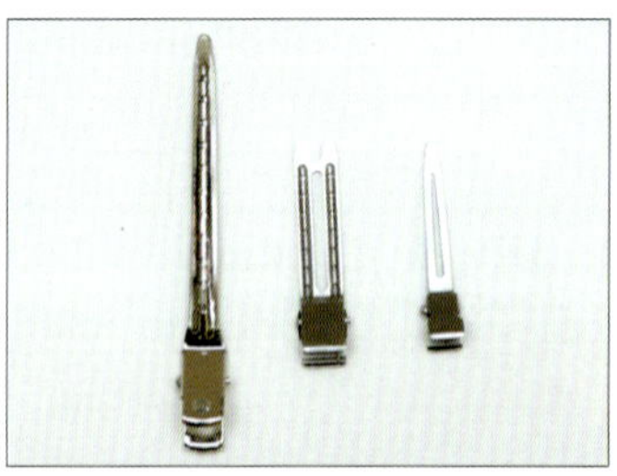

가벼운 알루미늄으로 만든 도구로써 모발의 표면을 임시 고정할 때 사용한다. 스프레이를 하기 전에 빼야 핀 자국이 남지 않는다.

스타일의 표면을 고정해서 흐트러지지 않게 가볍게 면과 면의 연결 부위에 임시 고정을 할 때나 약간 튀어나온 부분을 죽인다든지 할 때 사용하여 전체적인 밸런스를 균일하게 연출하는 데 사용한다.

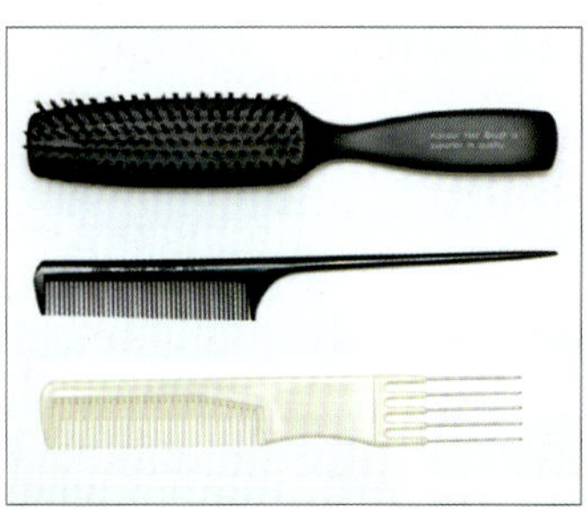

브러시(brush) : 백콤을 정리할 때 많이 사용하여 모발의 표면을 균일하게 브러싱 할 수 있고 백콤을 할 때 사용해도 된다.

빗(comb) : 섹션을 뜨고 멧쉬를 정리하고 백콤을 할 때 사용한다. 딱딱한 재질의 빗은 탄력이 없어 백콤을 하기 어렵고 빗이 너무 부드러우면 백콤을 할 때 빗이 휘어져 백콤을 하기 어렵다. 적당한 강도의 빗을 선택하고 빗의 꼬리가 매끄럽지 않을 경우는 매끄럽게 손질하여 사용해야 한다.

스타일링 빗(styleing comb) : 백콤을 할 때나 완성된 모발의 형태를 잡을때 사용한다.

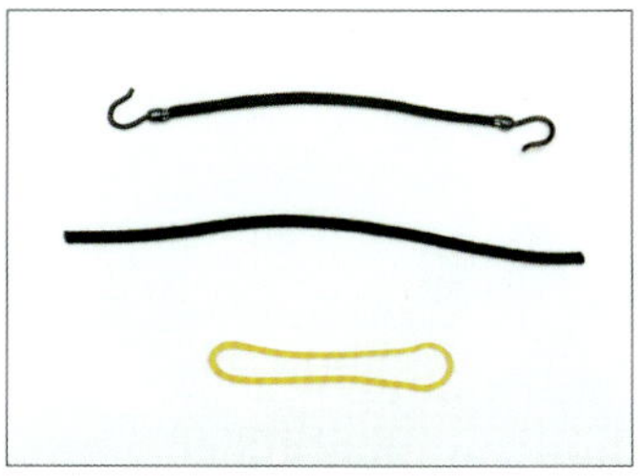

2) 고무줄

모발을 묶어줄 때 사용하며 모발과 같은 색을 사용하는 것이 편리하나 모발이 짧을 경우나 모발을 매우 단단하게 묶어줄 때는 노란색 고무밴드를 사용하기도 한다.

- **모발을 묶는 방법**

1 모발을 엄지와 검지로 고정하고 고무줄의 고리를 모발 속에 넣은 후 엄지로 고성한다.

2 단단하게 고무줄을 당기면서 돌린다.

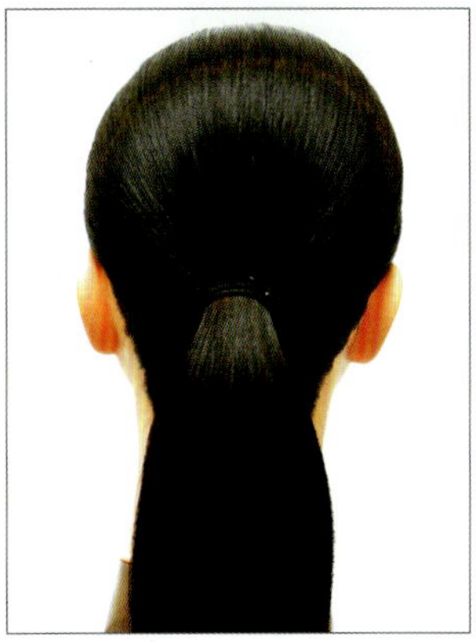

3 고무줄의 고리를 안쪽으로 넣어준다.

1 모발을 엄지와 검지로 고정하고 고무줄의 1/3 정도를 엄지로 고정한다.

2 단단하게 고무줄을 당기면서 돌린다.

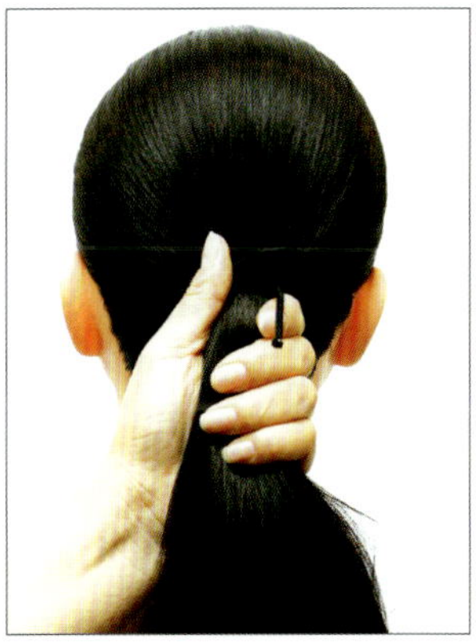

3 엄지와 검지로 고무줄을 고정한다.

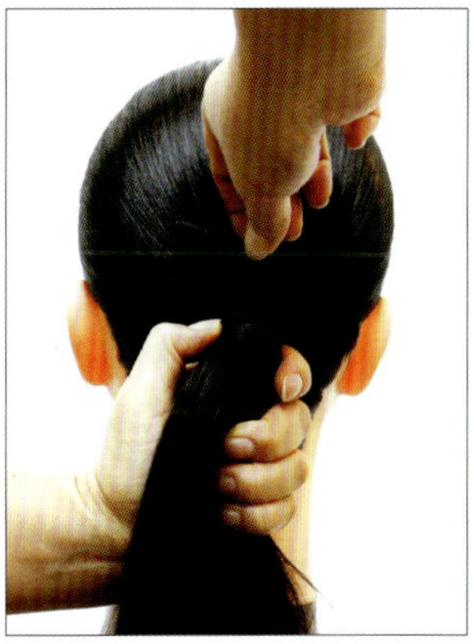

4 오른손으로 고무줄을 잡는다.

5 왼손의 엄지를 고무줄 사이에 낀 후 고무줄을 두바퀴 돌린다.

6 양손의 엄지와 검지로 고무줄을 단단하게 당겨준다.

7 완성된 모습

1 모발을 엄지와 검지로 고정하고 노란 고무줄의 양 쪽에 핀을 고정한 것으로 모발을 묶는다.

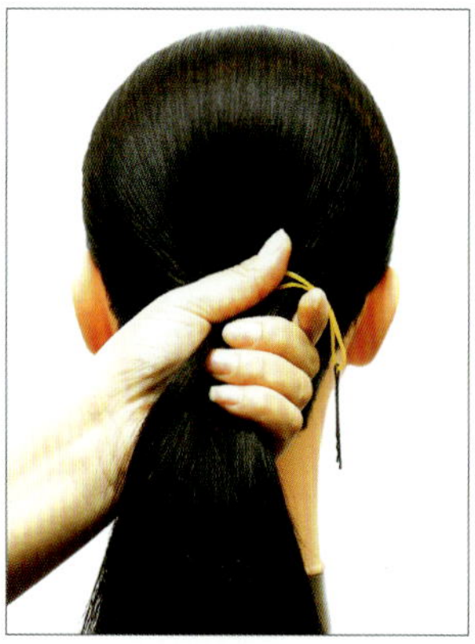

2 노란 고무줄의 양쪽에 핀을 고정한 핀 중 한쪽을 모발 속에 넣은 후 엄지로 고정한다.

3 단단하게 고무줄을 당기면서 돌린다.

4 고무줄의 핀을 안쪽으로 넣어준다.

3) 세팅(setting)

(1) 세팅(setting)을 하는 목적

① 모발의 방향을 원하는 방향대로 자유롭게 바꿀수 있다.

② 모발에 볼륨감을 주어 모발이 풍성하게 보이게 한다.

(2) 세팅(setting)을 하는 방법

① 세팅(setting)을 하기 위해서는 모발이 완전히 건조되어 있는 상태여야 한다.

② 강한 컬을 원할 경우는 셋팅(setting)을 하기 전 모발 전체에 소프트한 스프레이를 뿌린 후 세팅(setting)한다.

③ 모발의 섹션을 세팅롤의 폭만큼 떠서 모발을 와인딩한 후 고정핀을 두피 부분에 고정한다.

④ 모발의 볼륨감을 많이 원할 때는 세팅롤을 와인딩할 때 모발의 각도를 많이 숙여준다.

⑤ 세팅(setting)의 방향은 헤어디자인에 따라 정해진다.

• 위로 올리는 업스타일의 기본 세팅

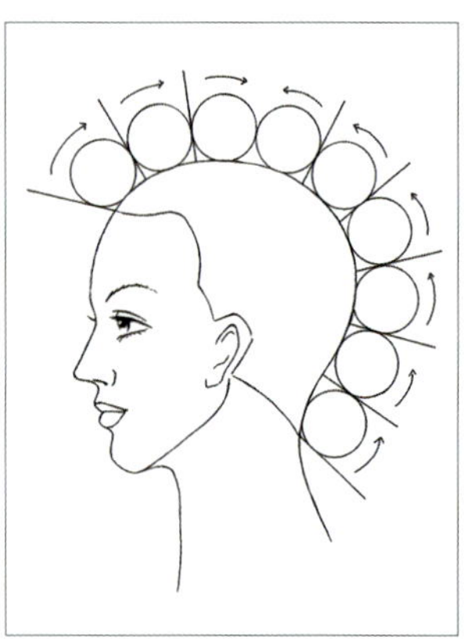

• 아래로 올리는 업스타일의 기본 세팅

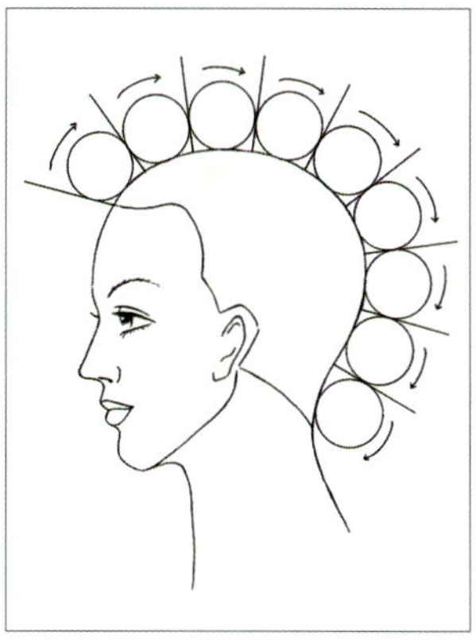

4) 토대(foundation)

두상과 모량, 모질의 조건과 디자인을 고려해서 넓이, 높이, 위치를 결정한다.

(1) 토대(foundation)를 만드는 목적

① 모델의 모발의 양에 따라 사용되어지는 모발의 양을 조절할 수 있다.

② 모발을 고정하는데 토대(foundation)가 필요하다.

③ 모발의 높이를 자유롭게 조절하여 실루엣을 아름답게 만들수 있다.

(2) 토대(foundation)를 만드는 방법

① 헤어 디자인의 장식이 많을 경우나 모량이 많지 않을 경우, 모발이 짧을 경우는 고무줄로 묶어주는데 단단하게 묶어 주어야 하며, 장식의 위치에 따라 묶는 위치 · 개수도 변한다.

② 헤어 스타일이 장식이 없을 경우나 모발이 많아 모발을 감추어 줄 때는 세 가닥으로 땋아주는데 고정을 단단하게 해주어야 하고 장식의 위치에 따라 위치도 변한다.

③ 헤어핀으로 토대(foundation)를 만들기도 하는데, 모발의 양이 적어야만 고정이 가능하다.

• 묶은 모발의 토대

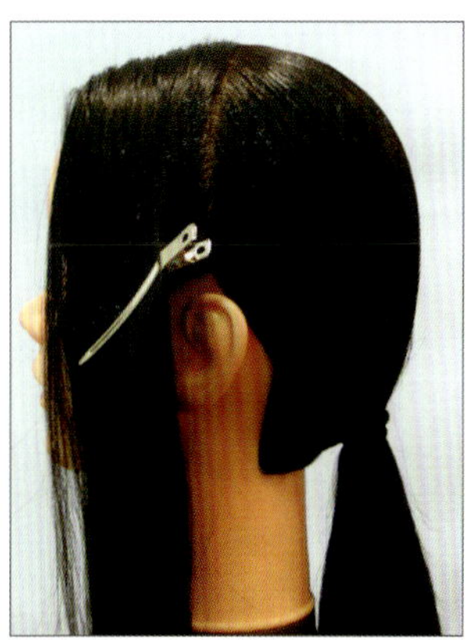

• 땋은 모발의 토대

5) 헤어싱

헤어싱은 부족한 모발의 양을 보충하며 B.C(backcombing)만으로 부족한 부분에 싱을 넣어 실루엣을 잡기 용이하게 한다. 모발의 색과 같은 색을 사용하나 장식으로 보이게 사용할 경우는 다른 색의 헤어싱을 사용해도 된다.

- 헤어싱의 종류

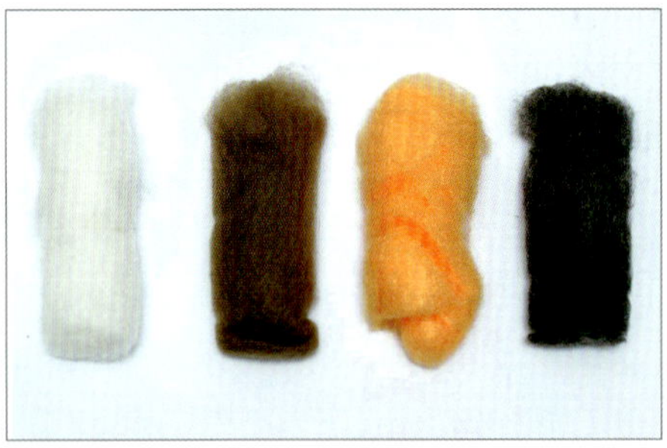

- 헤어싱을 만드는 방법

(1) 원통형

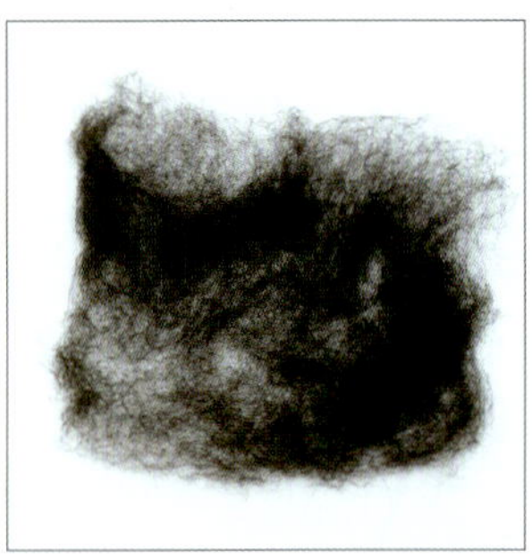

1 뭉쳐 있는 헤어싱을 조금씩 펴서 얇고 평평하게 놓는다.

2 헤어싱을 폭이 한뼘되게 여러겹으로 겹친다.

3 2/3 정도로 겹친다.

4 단단하게 조금씩 말아준다.

5~6 싱이 뭉치게 않게 펴주면서 싱을 말아준다.

7 가장자리를 얇게 펴서 서로 붙게 한다.

8 싱의 크기는 한뼘으로 굵기는 일정하게 한다.

(2) 삼각형

1 싱을 평평하게 펴준다.

2 반을 접어준다.

3 오른쪽 가장자리를 말아준다.

4 왼쪽 가장자리를 말아준다.

5 역삼각형의 모양으로 단단하게 만든다.

(3) 원형

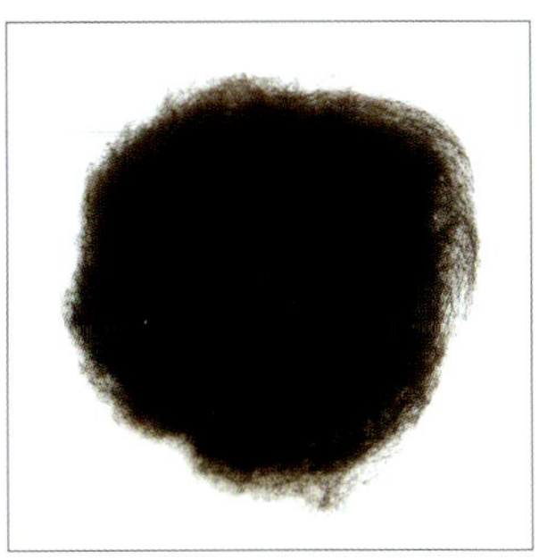

1 싱을 둥글게 펴준다.

2 가장자리를 말아준다.

3 싱의 모양을 둥글게 만든다.

6) 헤어피스

헤어피스는 부족한 모발의 양을 보충, 헤어스타일에 따라 사용하며 모발의 색과 같은 색을 사용하나 장식으로 사용할 경우는 다른 색의 헤어피스를 사용해도 된다.

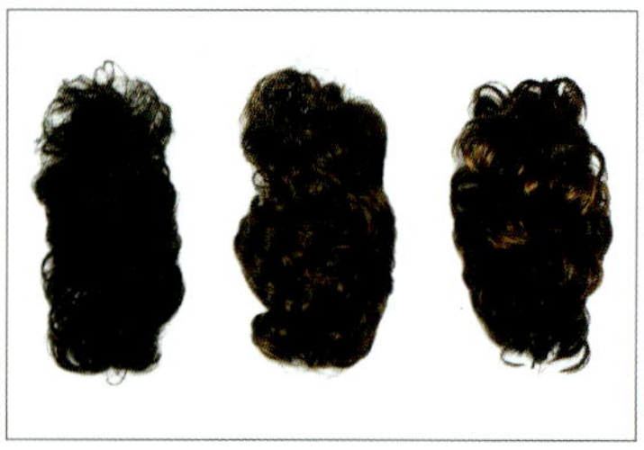

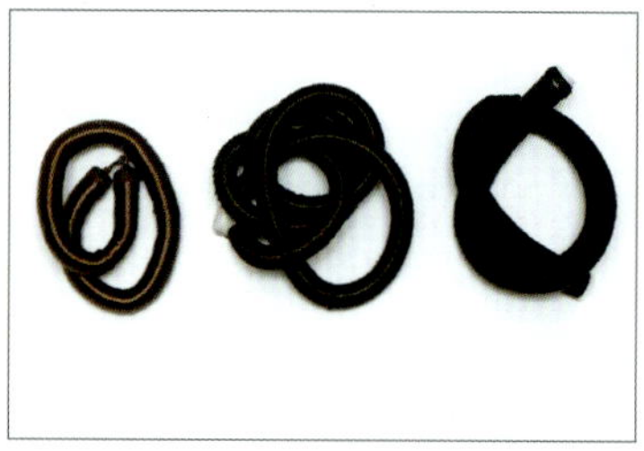

7) 기타

(1) 헤어망

모발을 고정할 때 사용하는 도구로써 시뇽스타일 시 흐트러짐 없이 완벽한 스타일을 원할 때 사용하며, 특히 잔머리가 많은 네이프 부분에서 가장 많이 사용하고 사용 시 모발의 색에 맞게 사용하는 것이 자연스럽다.

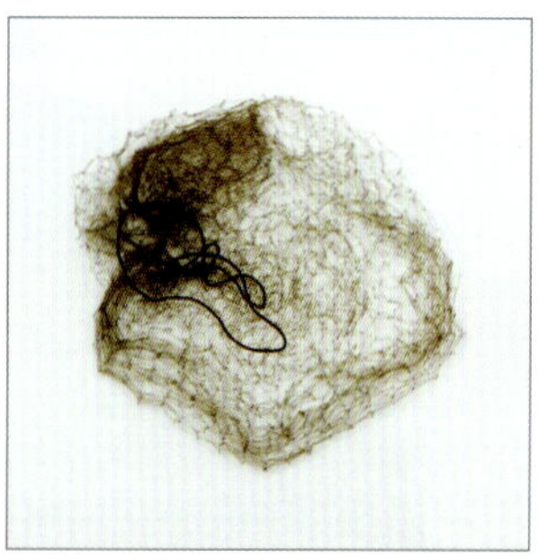

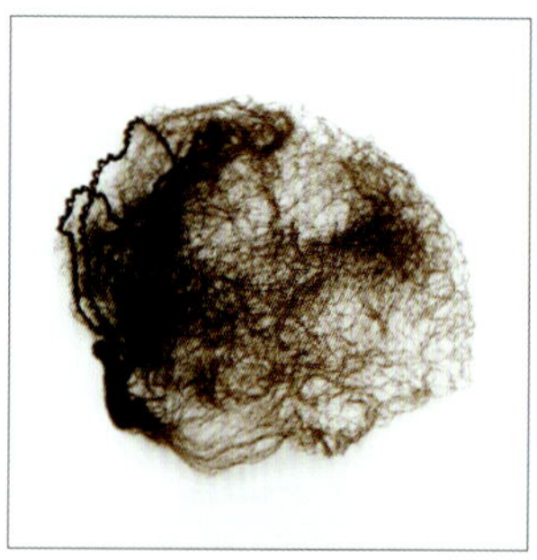

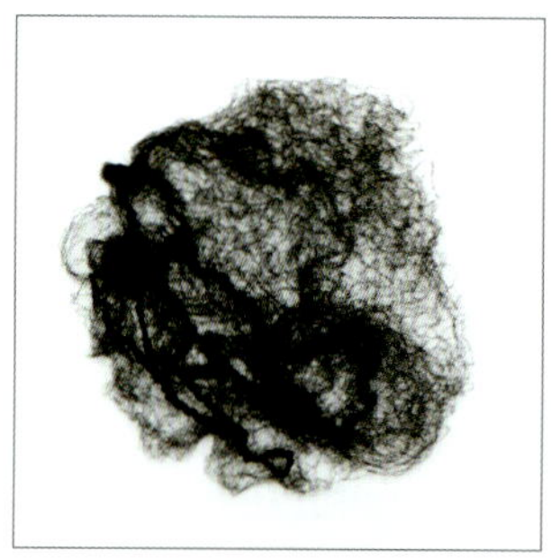

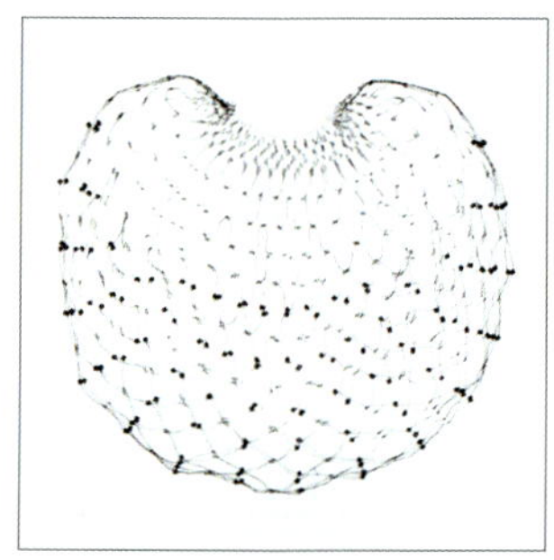

(2) 헤어 장신구

◆ 두부의 포인트

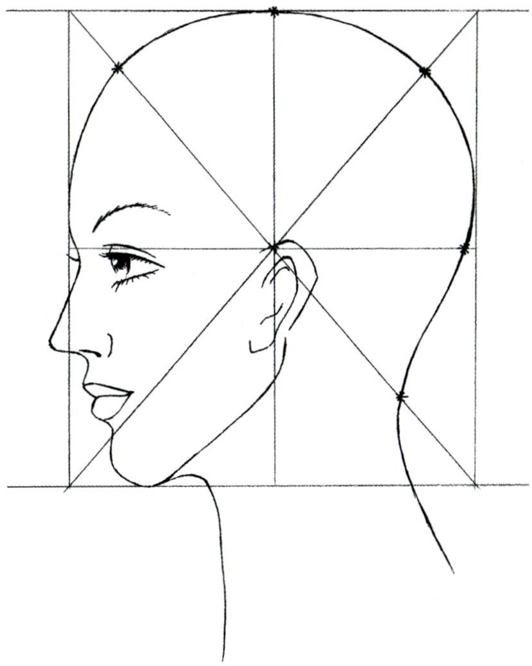

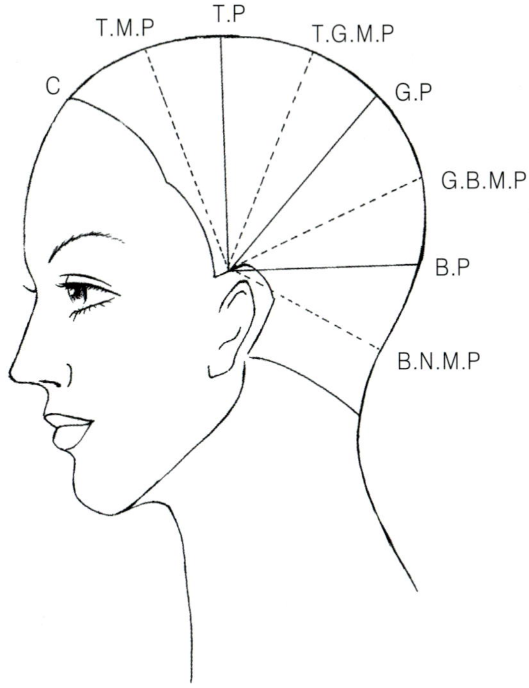

번 호	기 호	명 칭	
1	E.P	이어 포인트(ear point)	(좌 / 우)
2	C.P	센타 포인트(center point)	
3	T.P	톱 포인트(top point)	
4	G.P	골덴 포인트(golden point)	
5	B.P	백 포인트(back point)	
6	N.P	네이프 포인트(nape point)	
7	F.S.P	프론트 사이드 포인트(front side point)	(좌 / 우)
8	S.P	사이드 포인트(side point)	(좌 / 우)
9	S.C.P	사이드 코너 포인트(side corner point)	(좌 / 우)
10	E.B.P	이어 백 포인트(ear back point)	(좌 / 우)
11	N.S.P	네이프 사이드 포인트(nape side point)	(좌 / 우)
12	C.T.M.P	센타 톱 미디움 포인트(center top medium point)	
13	T.G.M.P	톱 골덴 미디움 포인트(top golden medium point)	
14	G.B.M.P	골덴 백 미디움 포인트(golden back medium point)	
15	B.N.M.P	백 네이프 미디움 포인트(back nape medium point)	

2. 땋는 머리(braid style)와 꼬는 머리(twist style)

1) 두 가닥 땋기

1 모발을 두 가닥으로 나눈다.

2 좌측 모발의 뒷부분에서 모발을 조금 잡아온다.

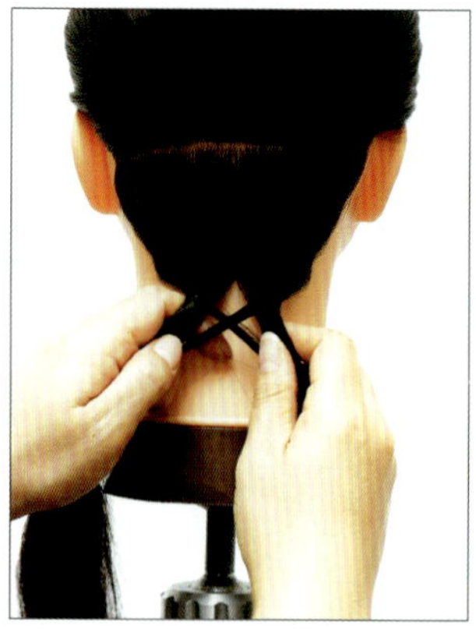
3 좌측 모발을 우측 모발과 합쳐준다. 우측 모발도 뒷부분에서 조금 잡아 좌측 모발과 합쳐준다.

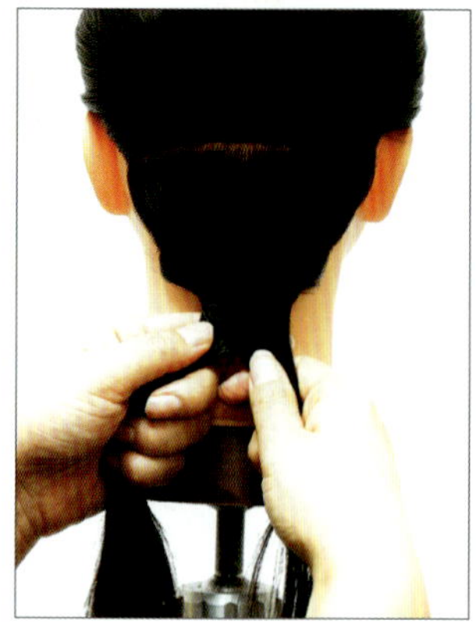
4 가져오는 모발의 양은 항상 일정해야 한다.

5 땋은 모발의 앞과 뒤의 모습이 같아야 한다.

6 윗부분이 갈라지지 않게 주의하고 만약 갈라져 보이면 핀으로 고정한다.

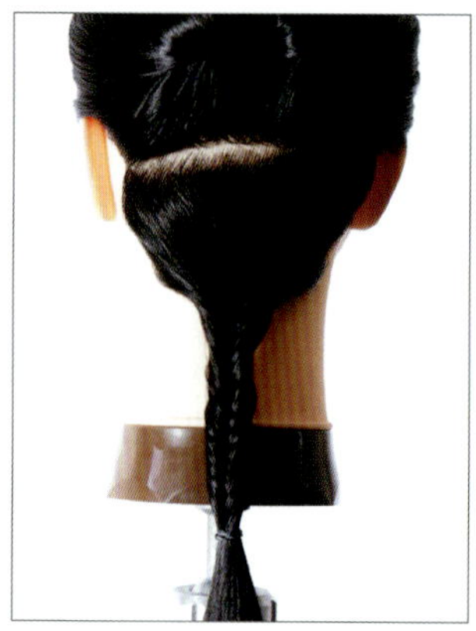
7 완성된 모습

2) 세 가닥 땋기

(1) 세 가닥 한쪽 아래 땋기 I

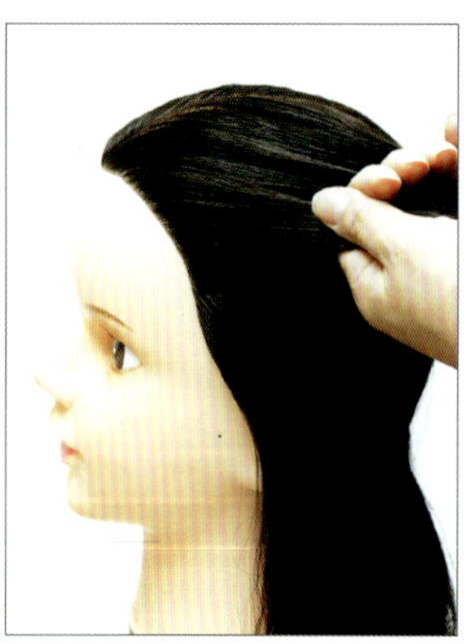
1 모발을 세 가닥으로 나눈다.

2 첫 번째 가닥을 두 번째 가닥의 아래로 땋아준다.

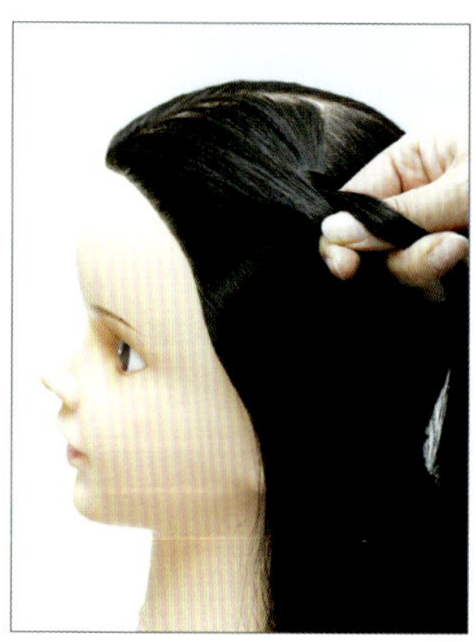
3 모발은 엄지와 검지로 잡아준다.

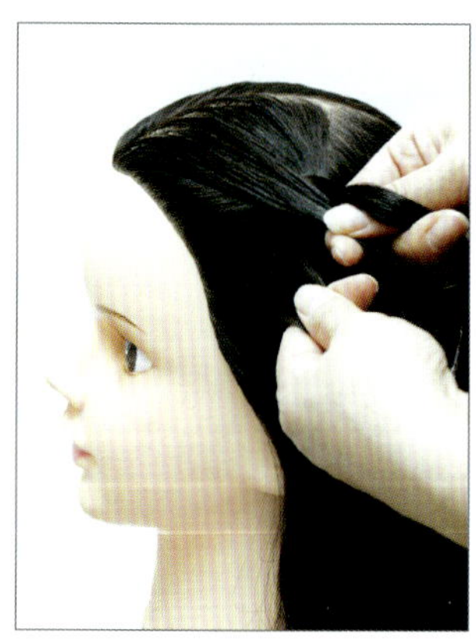
4 엄지와 검지에 있는 모발에 모발을 더해준다.

5 가져오는 모발의 양은 항상 일정해야 한다.

6 완성된 모습

(2) 세 가닥 한쪽 위 땋기 Ⅱ

1 모발을 세 가닥으로 나누고 첫 번째가닥을 두 번째 가닥의 위로 땋아준다. 세 번째 가닥을 첫 번째 가닥의 위로 땋아준다.

2 엄지와 검지에 있는 모발에 모발을 더해준다.

3 가져오는 모발의 양은 항상 일정해야 한다.

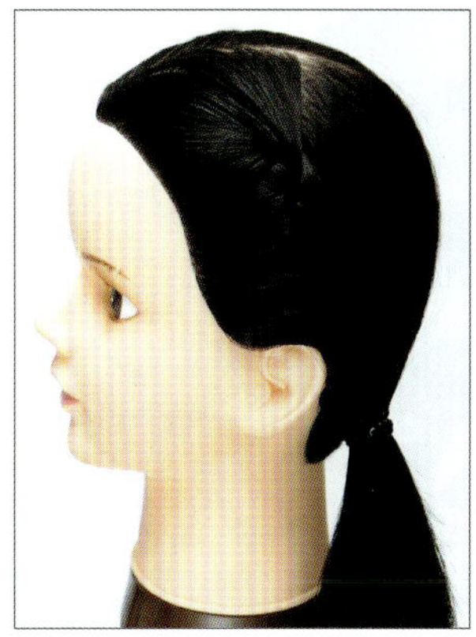

4 완성된 모습

(3) 세 가닥 양쪽 위 땋기 Ⅲ

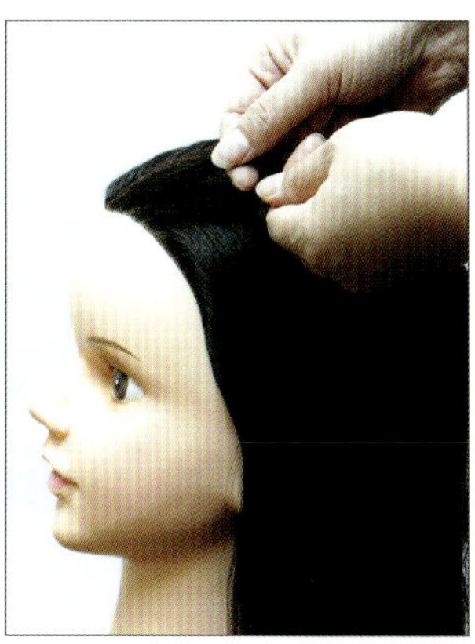

1 첫 번째 가닥을 두 번째 가닥의 위로 올려준다. 세 번째 가닥을 첫 번째 가닥의 위로 올려준다.

2 우측 엄지와 검지에 있는 모발에 좌측 모발을 더해준다.

3 좌측 엄지와 검지에 있는 모발에 우측 모발을 더해준다.

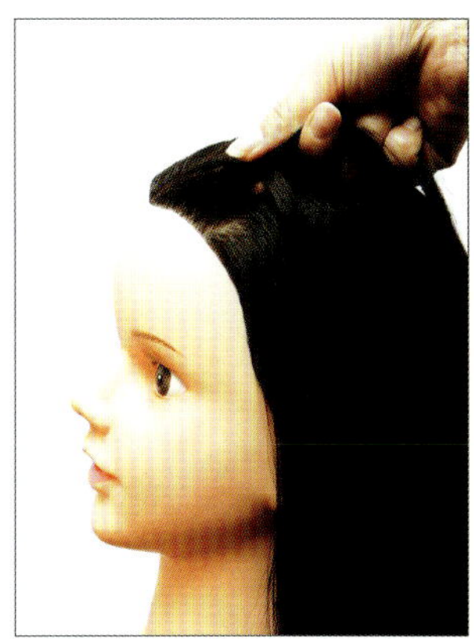

4~5 가져오는 모발의 양은 일정해야 한다. 3과 4를 계속 반복한다.

5

6 겹쳐지는 부분은 풀리지 않게 엄지 손가락으로 잡아준다.

7 땋은 모발이 두피에서 들뜨지 않게 한다.

8 완성된 모습

(4) 세 가닥 양쪽 아래 땋기 Ⅳ

1 모발을 세 가닥으로 나눈다.

2 첫 번째 가닥을 두 번째 가닥의 아래로 땋아준다. 이때 우측 엄지와 검지로 모발을 잡아준다.

3 좌측 엄지와 검지로 세 번째 가닥의 모발을 잡아준다.

4 다시 우측 엄지와 검지로 모발을 잡아준다.

5 우측 엄지와 검지에 있는 모발에 좌측 모발을 가져와 더해준다.

6 좌측 엄지와 검지로 모발을 잡고 우측 모발을 더해준다.

7 땋은 모발이 두피에서 들뜨지 않게 한다.

8 완성된 모습

(5) 세 가닥 양쪽 아래 땋기 V

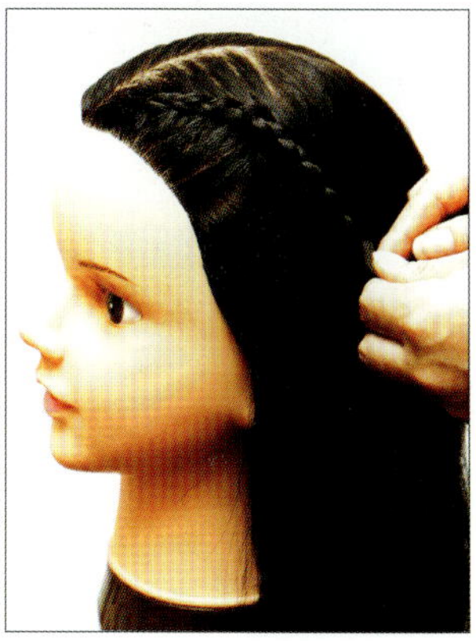

1 세 가닥 양쪽 아래 땋기를 한 후 세 가닥 땋기를 한다.

2 원하는 부분에서 좌측 모발을 가져와 더해준다.

3 우측 모발을 가져와 더해준다.

4~5 세 가닥 양쪽 아래로 땋기를 한다.

5

6 완성된 모습

3) 네 가닥 땋기

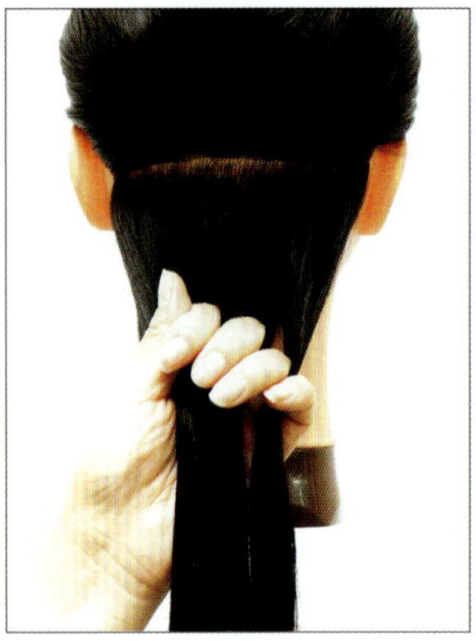

1 모발을 네 가닥으로 나눈다.

2 먼저 좌측부터 세 가닥 땋기를 한다.

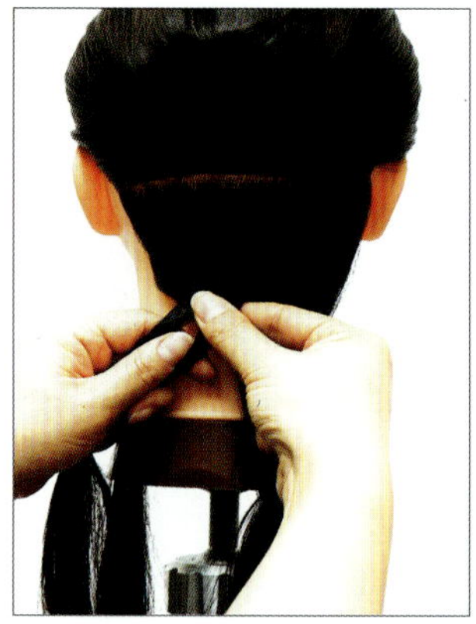

3 다시 세 가닥 땋기를 하고 겹쳐지는 부분을 엄지손가락으로 누른다.

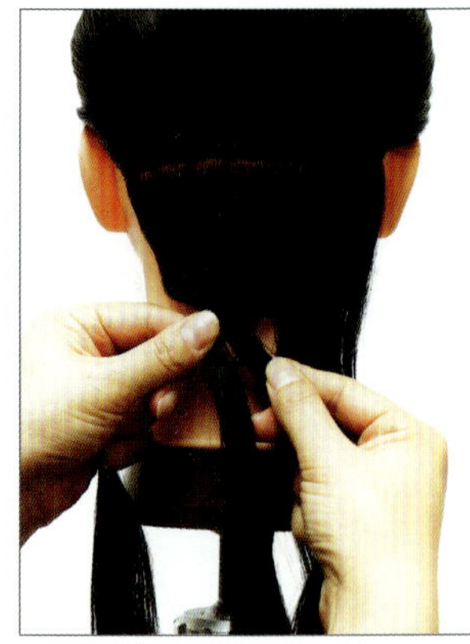

4 세 번째 모발을 우측의 두 번째와 세 번째 손가락 사이를 잡아준다.

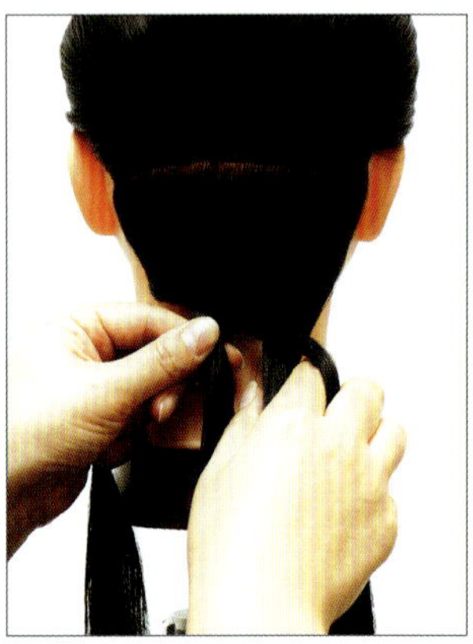

5 세 번째 모발의 밑으로 네 번째 모발을 가져온다.

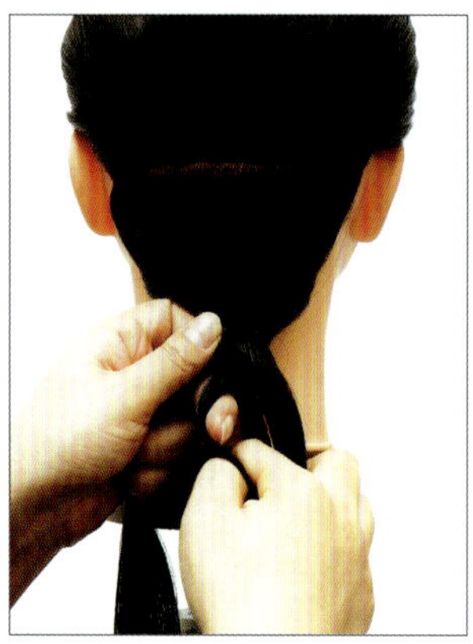

6 ⑤의 모발을 좌측손으로 가운데손가락으로 잡아준다.

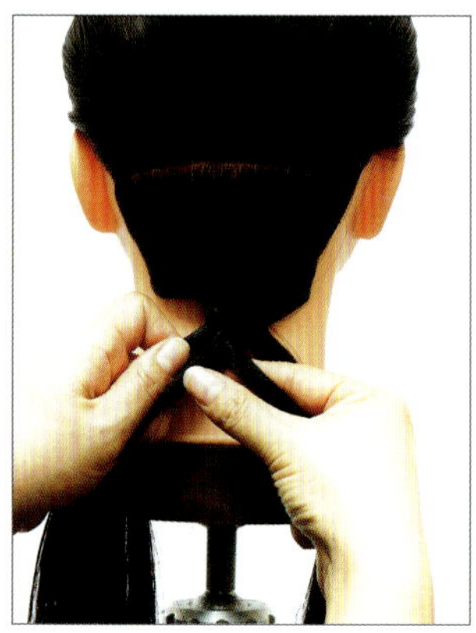

7 우측의 검지가 세 번째와 네 번째 모발의 사이에 들어가게 한다.

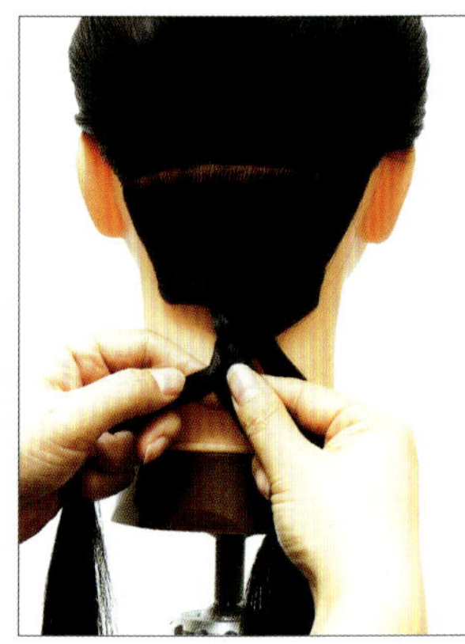

8 첫 번째 모발이 두 번째 모발 위로 겹쳐진다.

9 세 번째 모발 밑으로 네 번째 모발을 가져온다.

4) 다섯 가닥 땋기

1 모발을 다섯 가닥으로 나눈다.

2 양쪽의 모발을 놔두고 가운데 세 가닥의 모발로 먼저 세 가닥 땋기를 한다.

3 네 번째 모발이 두번째 모발 위로 겹쳐진다.

4 첫번째 모발이 두번째 있는 모발의 밑으로 겹쳐진다.

5 ④의 모발이 세 번째 모발 위로 겹쳐진다.

6 다섯 번째 모발이 네 번째 있는 모발의 밑으로 겹쳐진다.

7 양 손의 검지가 첫 번째와 두 번째 모발의 사이, 네 번째와 다섯 번째 모발의 사이에 들어가게 한다.

8 손의 모양을 살짝 돌려서, 가장자리 모발이 안으로 들어가게 한다.

9 완성된 모습

5) 꼬는 머리

(1) 두 가닥 꼬기 I

1 모발을 두 가닥으로 나눈다. 우측의 손을 우측으로 돌려준다.

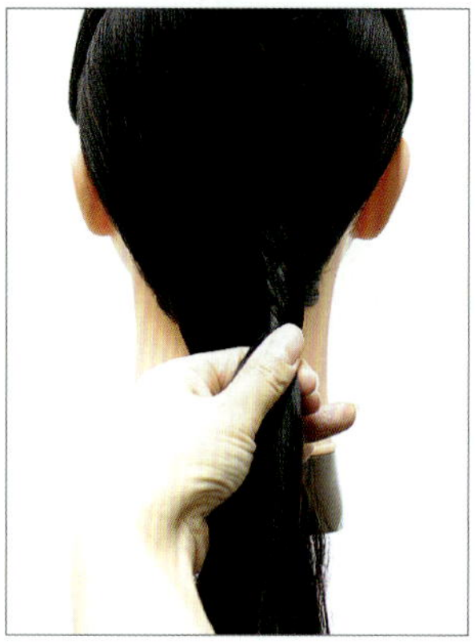

2 좌측의 엄지와 검지로 우측 모발을 잡아준다.

3 우측에 있는 모발을 우측으로 돌려준다.

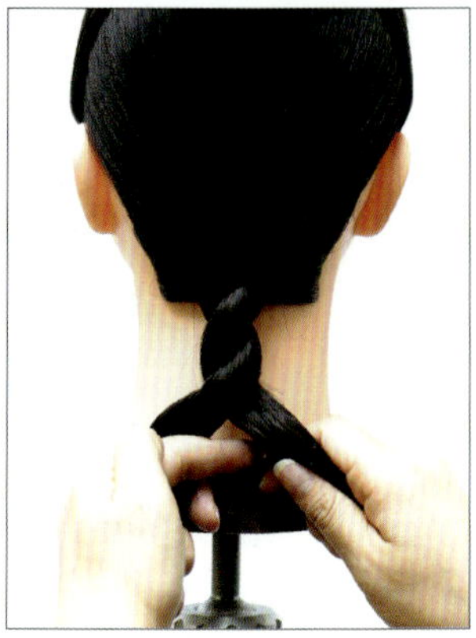

4 돌린 후 좌측의 엄지와 검지로 모발을 돌려준다.

(2) 두 가닥 꼬기 II

1 모발을 두 가닥으로 나눈다.

2 좌측 모발을 우측 모발의 위로 겹친다.

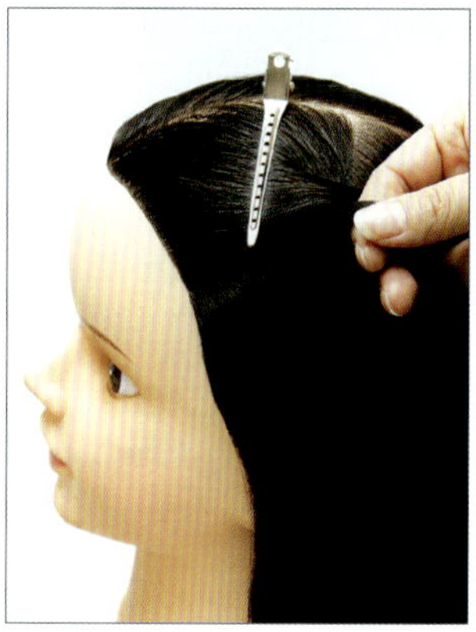

3 모발은 우측의 엄지와 검지를 이용하여 잡는다.

4 모발의 양을 일정하게 잡는다.

5 우측의 엄지와 검지에 있는 모발에 합쳐준다.

6 ④와 ⑤를 계속 반복한다.

7 완성된 모습

모델 허지원　메이크업 이황정　사진 안진용

6) 응용편

(1) 두 가닥 땋기

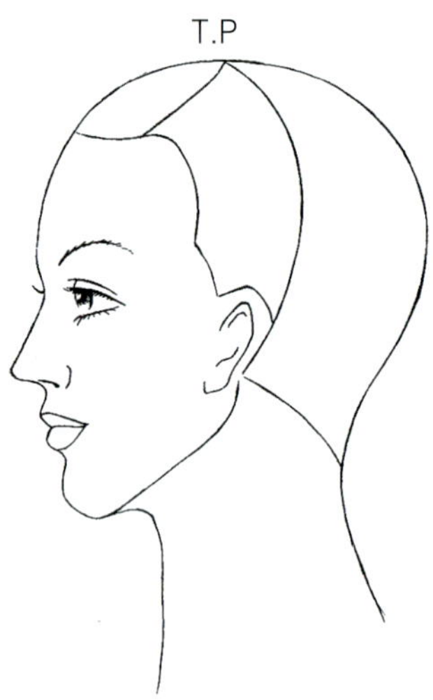

1 T.P와 E.P 연결하여 블로킹하여 앞뒤로 나눈다. 앞 부분의 모발을 눈썹산을 기준으로 모발을 좌우로 나눈다.

2 좌측 모발을 우측 모발 위로 겹친다.

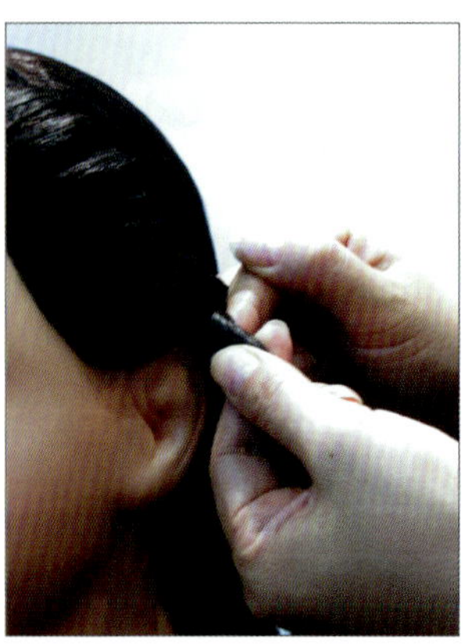

3 두 가닥 꼬기를 하는데 항상 일정량의 모발을 가져와야 한다.

4 꼬기를 시작하는 부분은 눈썹산을 기준으로 한다.

5~6 꼬기를 할 때는 모발이 두피에서 떨어지지 않게 해야 모발의 늘어짐을 방지할 수 있다.

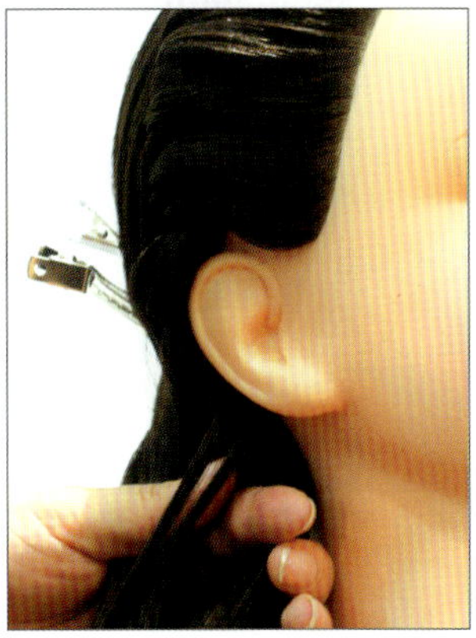

7 남겨두었던 모발과 함께 두 가닥 땋기를 한다.

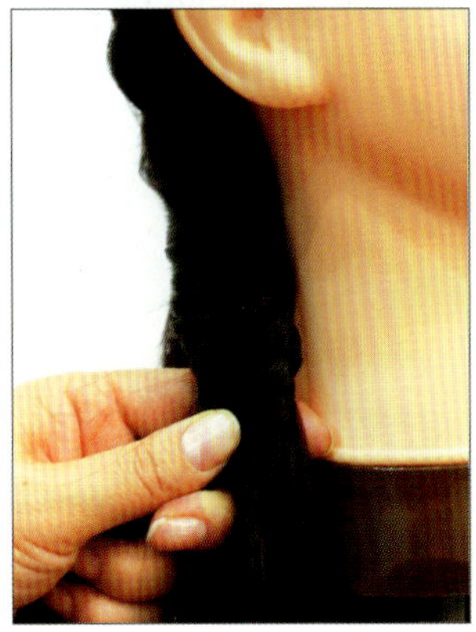

8~9 두 가닥 땋기를 할 때도 목에서 떨어지지 않게 해야 모발의 늘어짐을 방지할수 있다.

10~11 뒷부분이 갈라질 경우 갈라진 부분에 핀으로 고정해 주어야 한다.

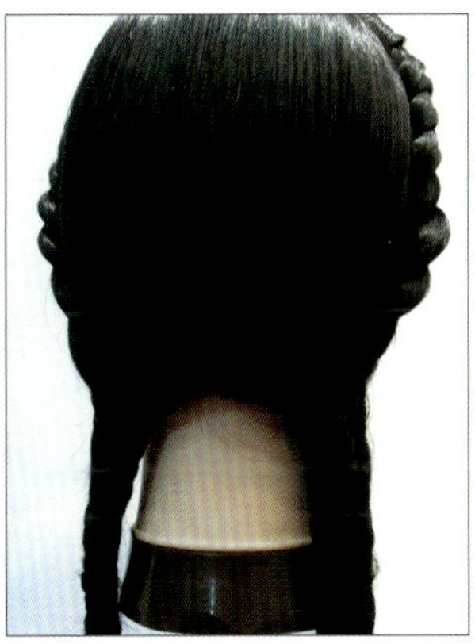

11

12~13 두 가닥 땋기한 모발의 아래 부분부터 모발을 빼 주어야 한다.

모델 허지원 메이크업 이황정 사진 안진용

(2) 세 가닥 땋기

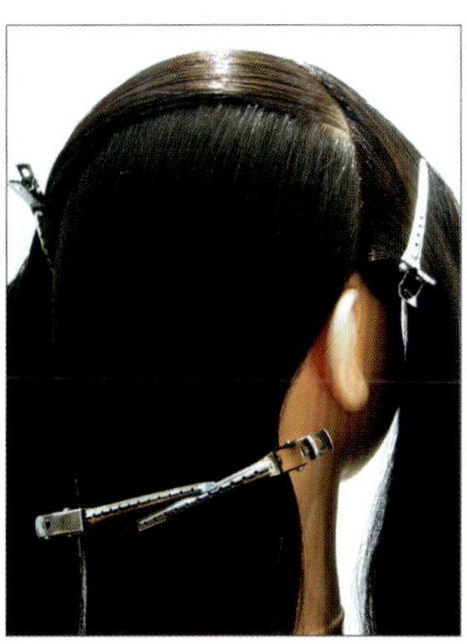

1 T.P와 E.P 연결하여 블로킹 하여 앞뒤로 나눈다.

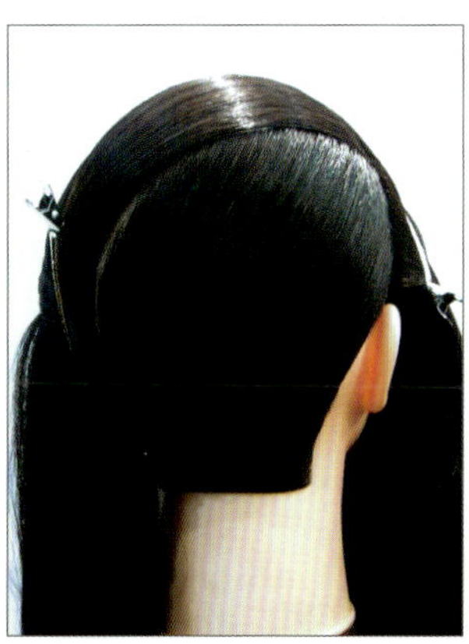

2 모발을 나누어준다. 우측의 모발을 좌측의 네이프 라인 모발의 묶어준다.

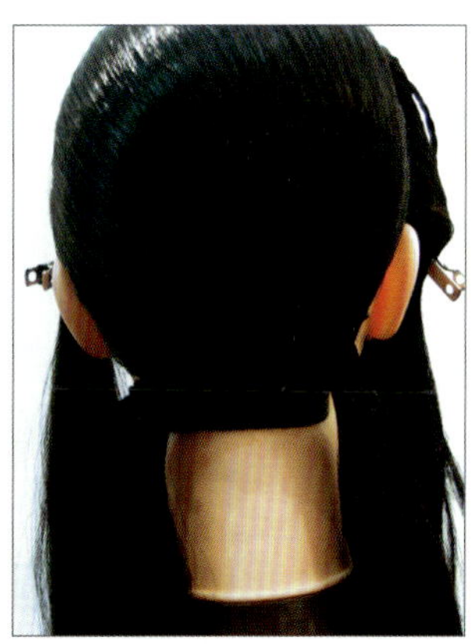

3 좌측의 모발을 우측 네이프 라인에 모발을 묶어준다.

4 눈썹산을 기준으로 모발을 좌우로 나눈다.

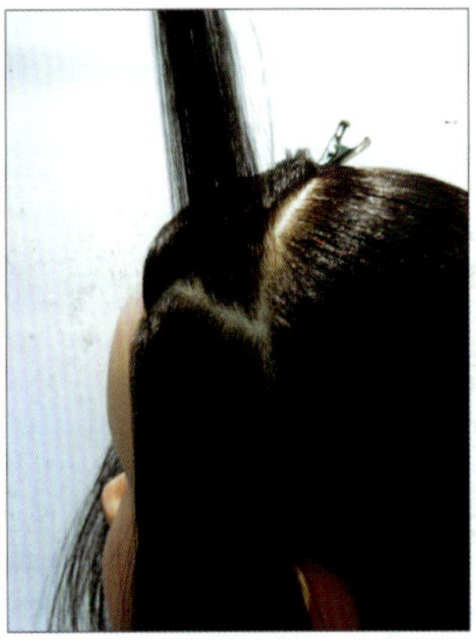

5 모발을 조금 잡아 준다.

6 잡은 모발을 세 가닥 땋기를 한다.

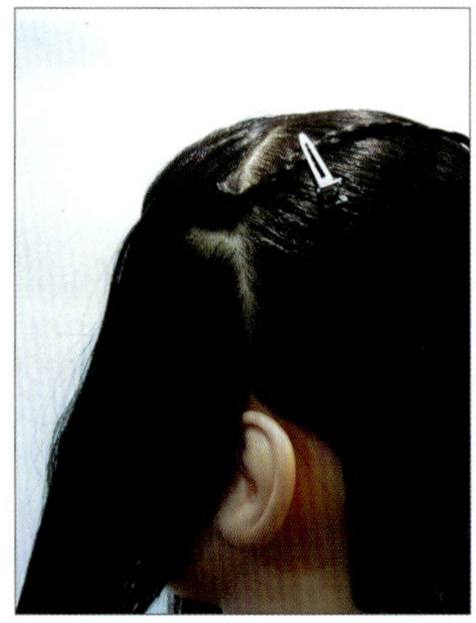

7 세 가닥 땋기한 모발을 위로 올린 후 모발을 정리한다.

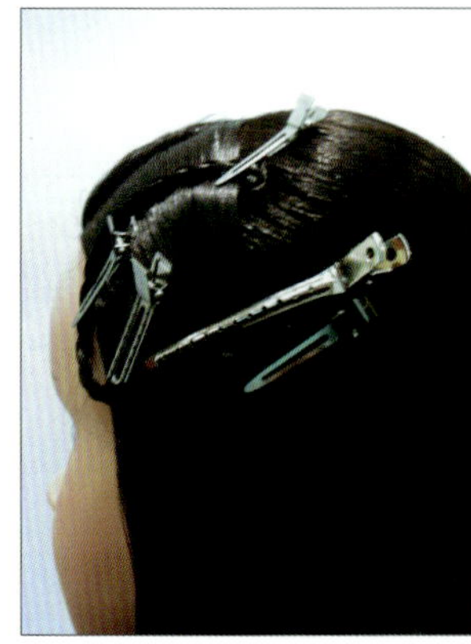

8 세 가닥 땋기한 모발을 장식 한다.

9 세 가닥 땋기한 모발을 장식 한다.

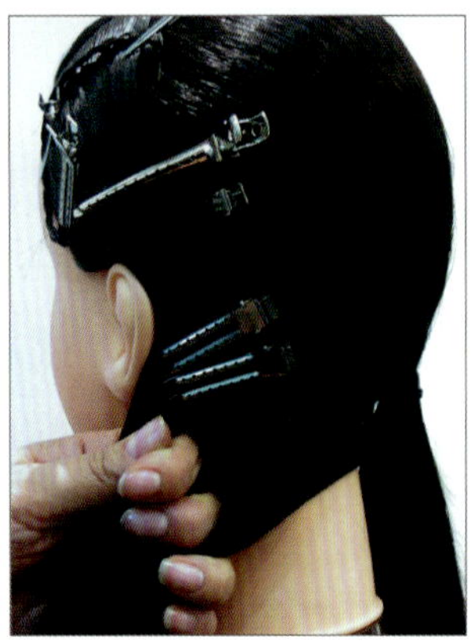

10 묶은 모발과 합친다.

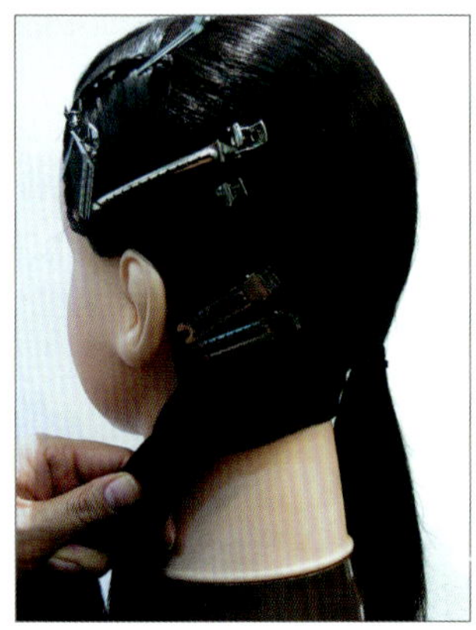

11 묶은 모발과 세 가닥 땋기를 한다.

12 우측은 세 가닥 땋기를 두줄 한다.

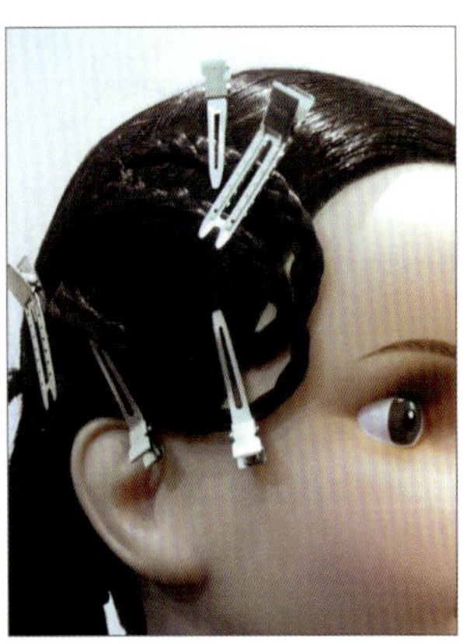

13 세 가닥 땋기를 한 모발을 장식한다.

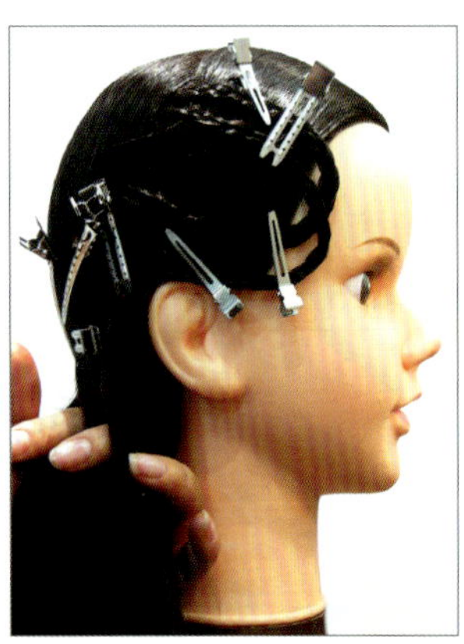

14 묶은 모발과 세 가닥 땋기를 한다.

모델 허지원　메이크업 이황정　사진 안진용

(3) 세 가닥 양쪽 아래 땋기

1 T.P와 E.P 연결하여 앞뒤로 나눈다. G.P 부분에 적당량의 모발을 잡아 고무줄로 단단하게 묶어준다.

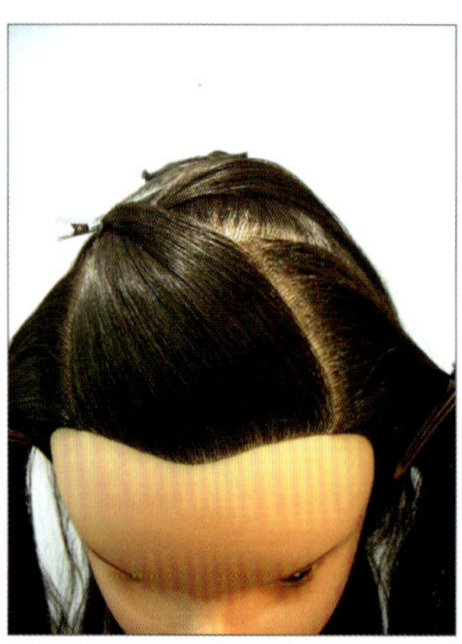

2 세 부분으로 나눈다.

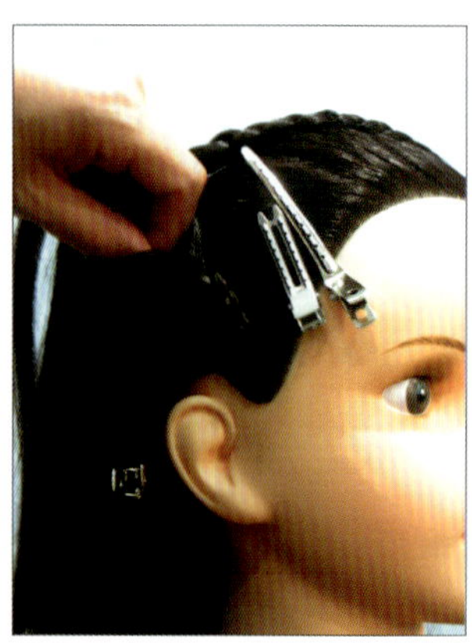

3 가운데 부분부터 세가닥 양쪽 아래 땋기를 한 후, 우측 모발의 아랫부분부터 세 가닥 한쪽 아래 땋기를 한다.

4 연결한 모발이 없을 경우는 세 가닥 땋기를 한다.

5 세 가닥 땋기를 하다가 좌측 모발과 같이 땋아준다.

6 좌측 모발과 같이 땋아준다.

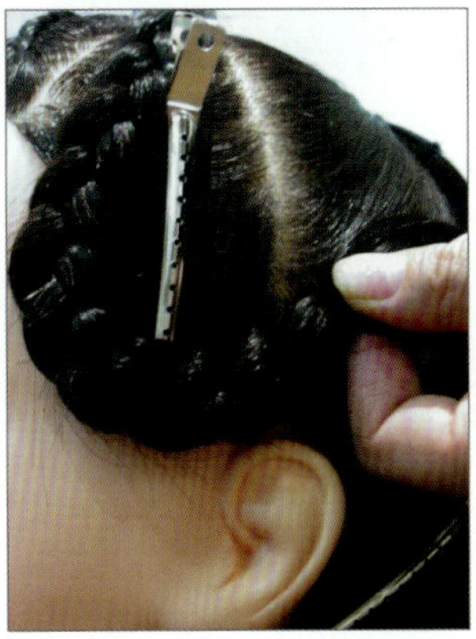

7 모발의 길이를 조절하면서 땋아 모양을 만들어 준다.

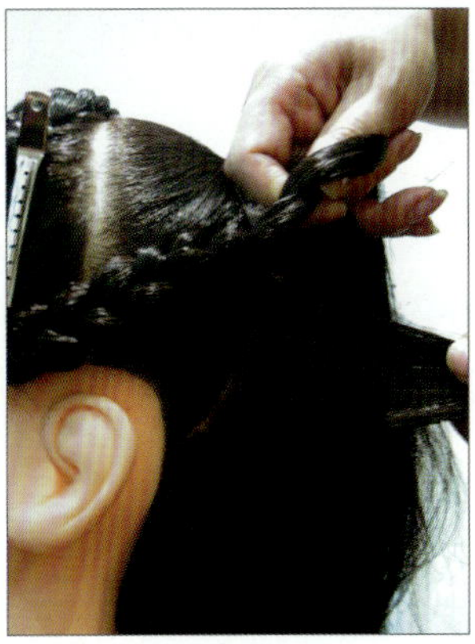

8 세 가닥 땋기를 뒷머리와 연결하여 땋아준다.

9 모발이 나누어진 부분이 보이지 않게 한다.

10 세 가닥 땋기한 모발로 묶은 부분을 가려준다.

11 고무줄 묶은 모발을 그대로 장식을 해도 되고 한쪽으로 세 가닥 땋기를 하여 장식을 해도 된다.

12 모발의 길이를 조절하면서 땋아준다.

13 얼굴형에 어울리게 장식의 모양과 크기를 결정한다.

모델 성아　메이크업 김미화　사진 안진용

(4) 바구니 땋기

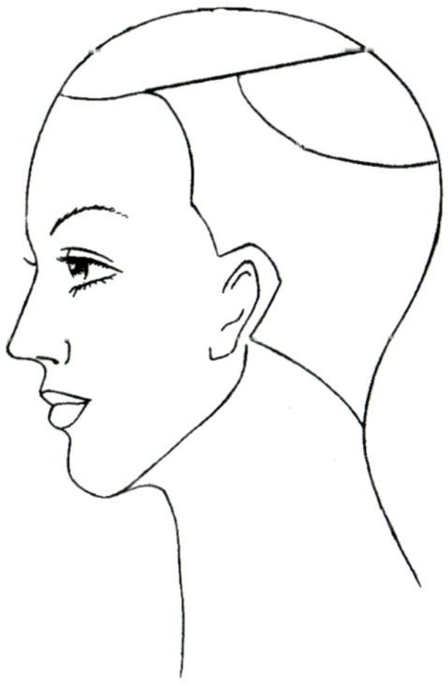

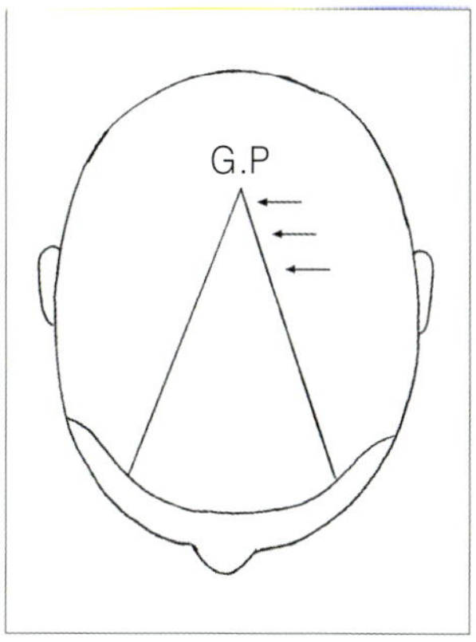

1 관자놀이에서 G.P까지 연결하여 삼각형으로 블로킹한다.

2 적당히 잡아 세가닥 땋기를 하여 토대를 만들어 준다.

3 토대가 높지 않게 한다.

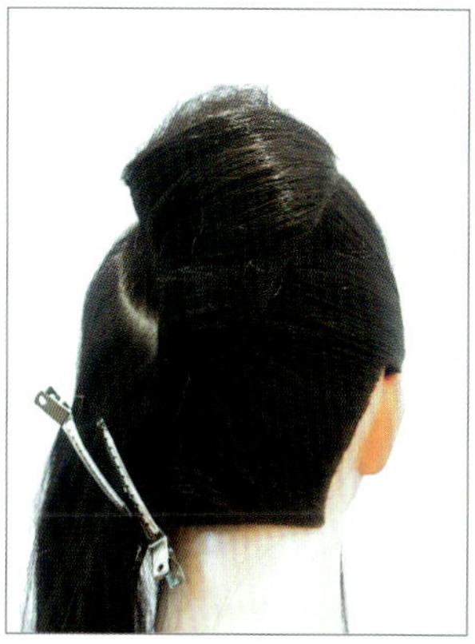

4 우측 모발을 사선으로 나누어 B.C을 넣고 B.C을 넣은 부분에 왁스를 바른 후 브러시로 빗겨주고 핀으로 고정한다. 고정 후 남은 모발은 헤어싱 역할을 하게 고정한다.

5 좌측 모발을 사선으로 나누어 B.C을 넣는다.

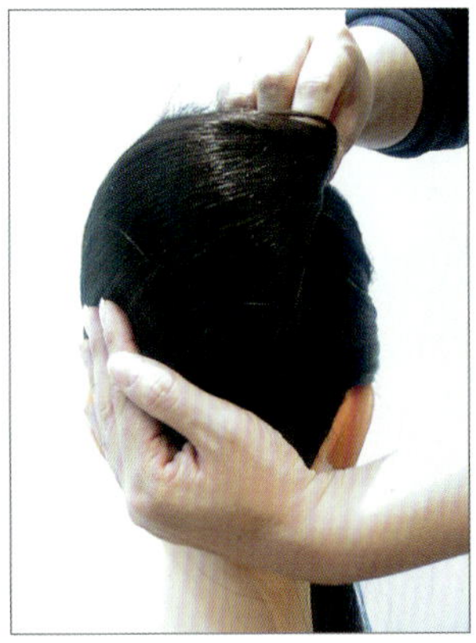

6 왁스를 B.C을 넣은 부분에 바른 후 브러시로 빗겨준 후 핀으로 고정한다.

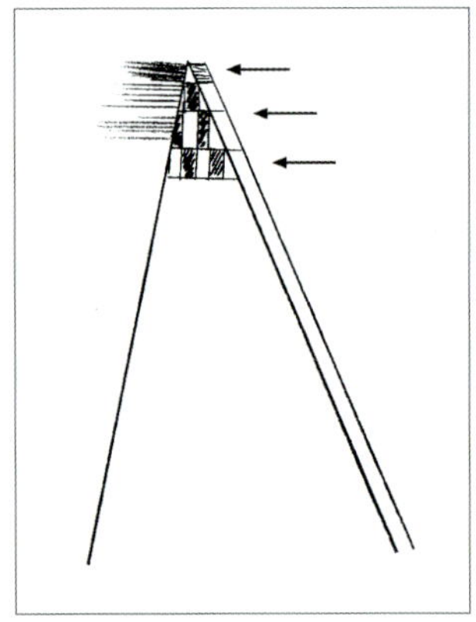

7 우측 모발을 조금 잡아 1의 모발 위를 통과한다.

8 모발을 바구니 짜는 식으로 핀으로 임시 고정하며 계속 한다.

9 모발이 뜨지 않게 핀을 고정해야 한다.

10 스타일에 따라 모발의 양이 일정하지 않아도 상관없다.

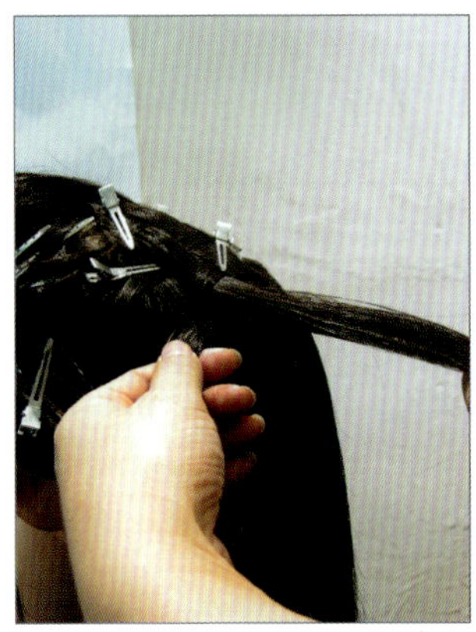

11 모발을 바구니 짜는 식으로 핀으로 임시 고정하며 계속한다.

12 한 줄씩 줄여가면서 계속 연결한다.

13 얼굴형에 어울리게 모발을 정리한다.

14~15 한 줄씩 줄여가면서 계속 연결한다.

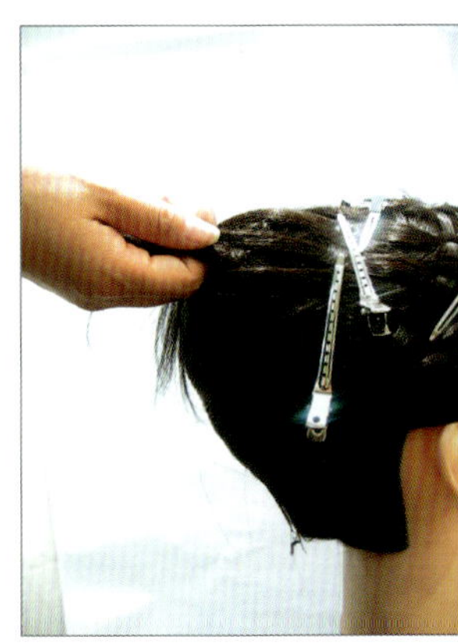

16~17 남은 모발로 두 가닥 꼬기를 한다.

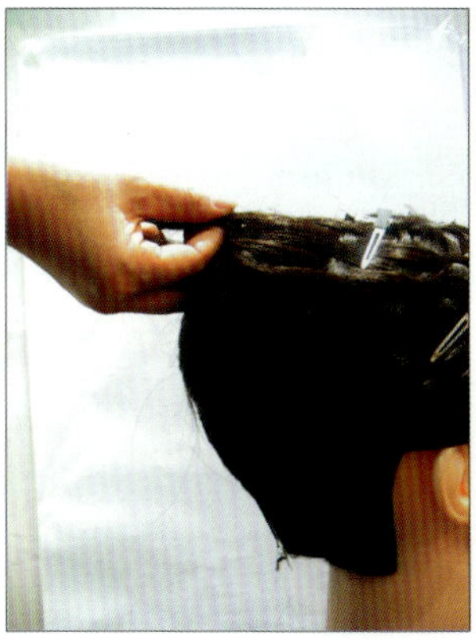

17 장식으로 지저분한 부분을 가려 준다.

18 모발을 세워주고 싶을 땐 핀으로 고정하고 스프레이를 뿌려준다.

모델 박지혜　메이크업 김이화　사진 안진용

(5) 땋은 모발을 이용한 올림 머리

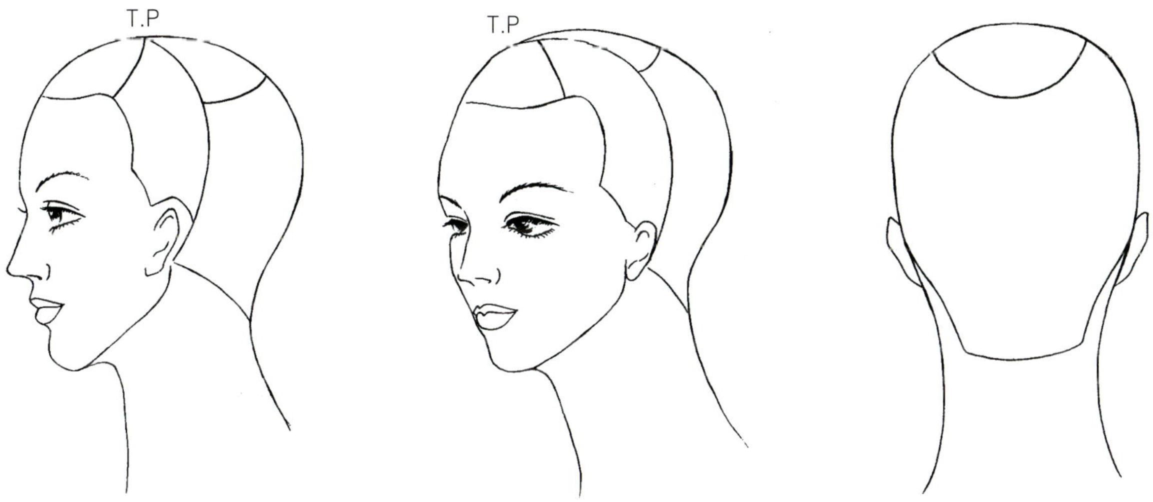

[Setting]

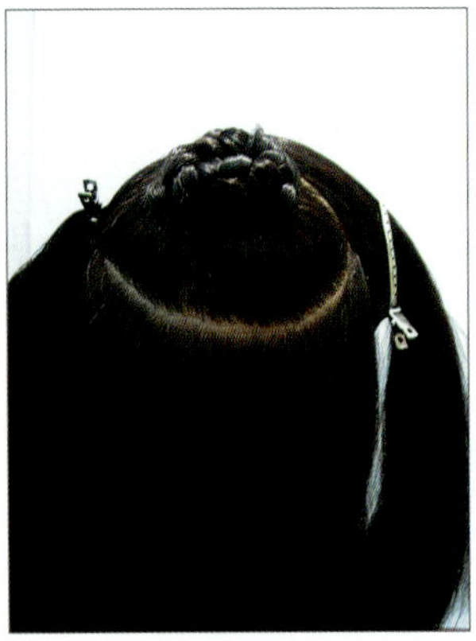

1 T.P와 E.P 연결하여 블로킹 하여 앞뒤로 나눈다.

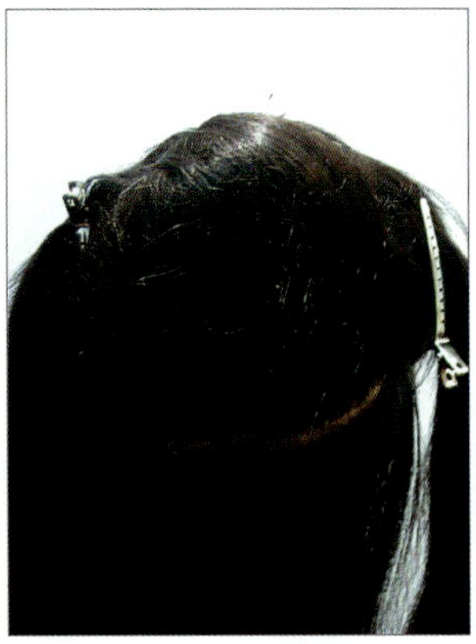

2 B.C를 넣는다.

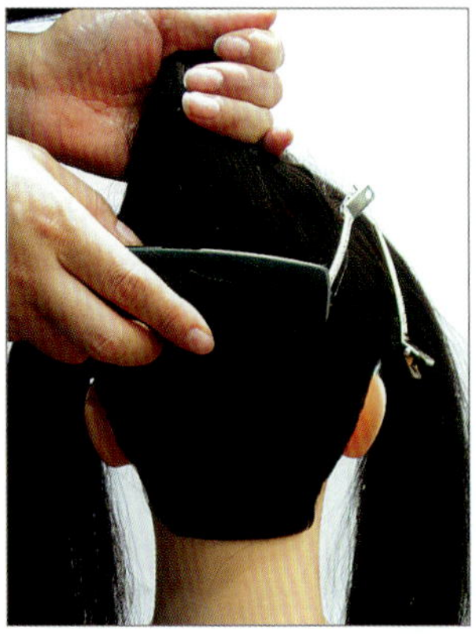

3 왁스를 B.C 넣은 부분에 바른 후 브러시로 빗겨준다. 핀으로 고정을 하며 빗겨주어야 늘어지는 부분이 생기지 않는다.

4 모발을 한 손으로 단단하게 잡아준다.

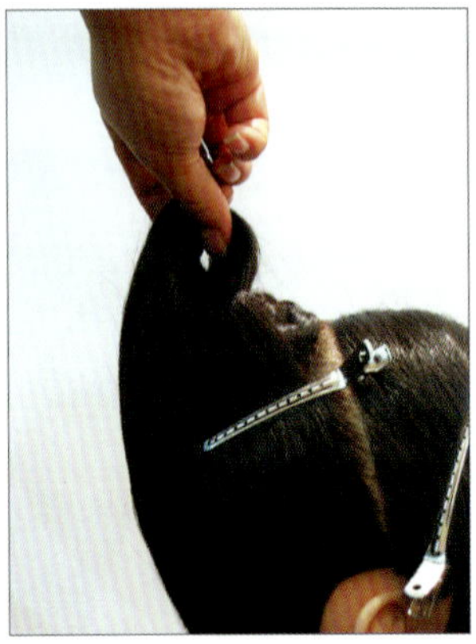

5 모발의 끝은 안으로 들어가게 한다.

6 토대에 모발을 고정한다.

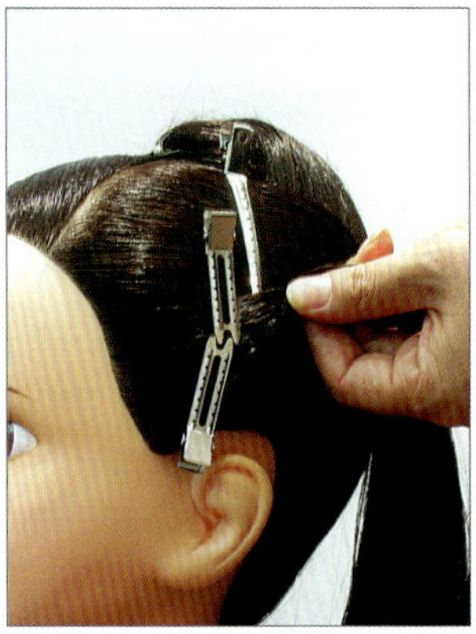

7 눈썹산을 기준으로 모발을 좌우로 나누어 핀으로 고정하며 아랫부분부터 한 쪽으로 세 가닥 땋기를 한다.

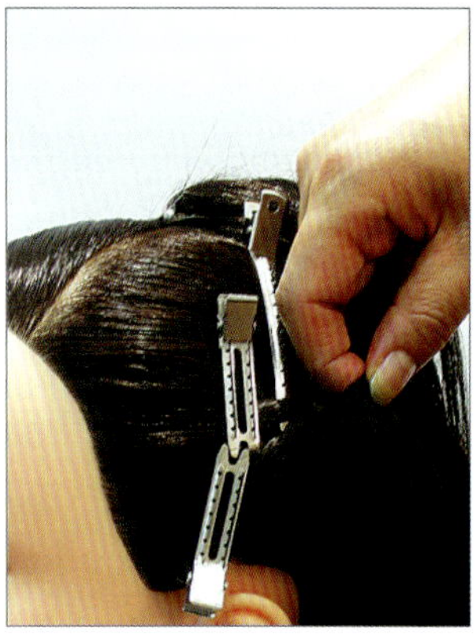

8 항상 일정한 양의 모발을 가져온다.

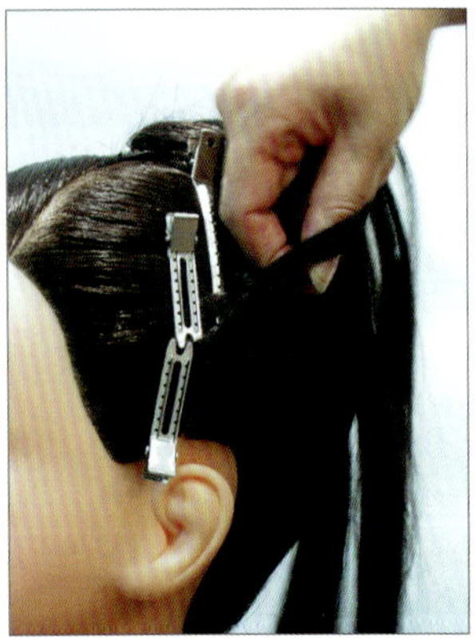

9 모발이 늘어지지 않게 손을 두피에 대고 모발을 땋아준다.

10 땋은 머리를 조금씩 당겨 여유가 있게 하고 핀으로 고정해가며 땋아준다.

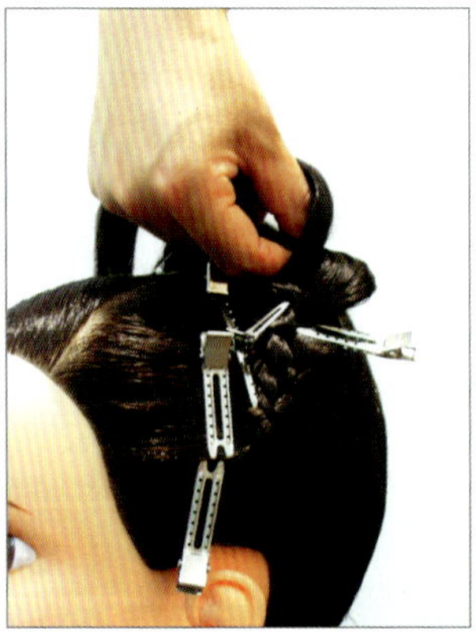

11 당겨준 모발의 크기를 조금씩 크게 한다.

12 가져올 모발이 없을 경우는 세 가닥 땋기만 한다.

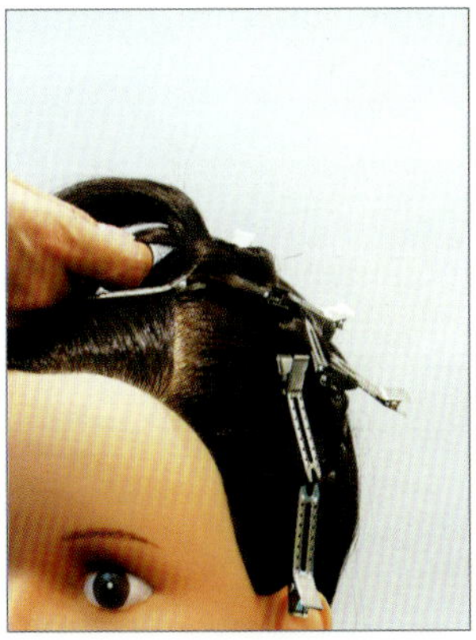

13 땋은 머리를 조금씩 당겨 여유가 있게 하고 핀으로 고정해가며 땋아준다.

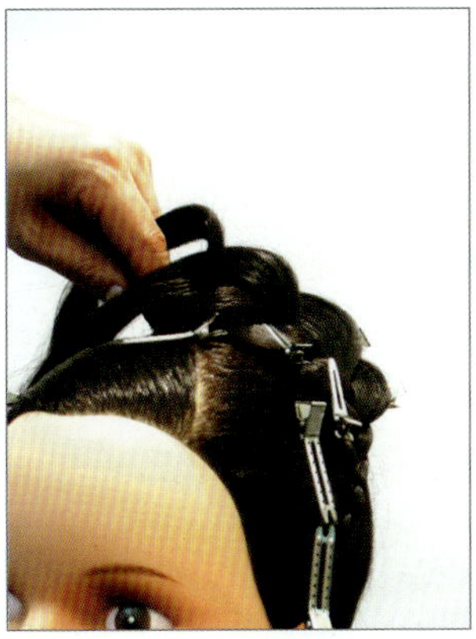

14 가운데의 모발이 가장 높아야 한다.

15 핀으로 고정하여 세워 준다.

16 목이 짧을 경우는 겹치기 스타일로 한다. 좌측 모발에 B.C 하고 브러시로 정리 후 고정한다.

17 우측 모발에 B.C 하고 브러시로 정리 후 고정한다.

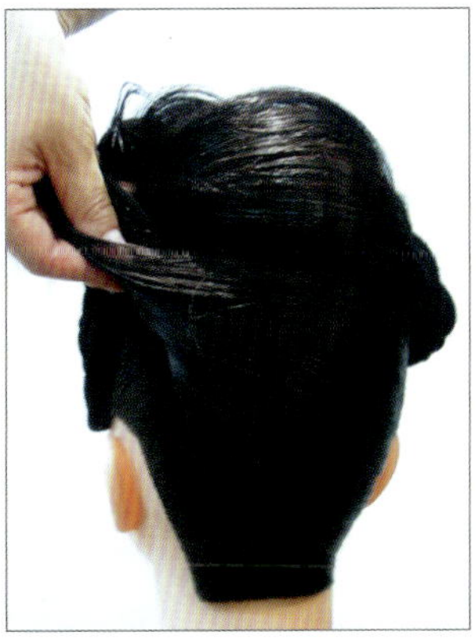

18 헤어싱은 사용하지 않는다.

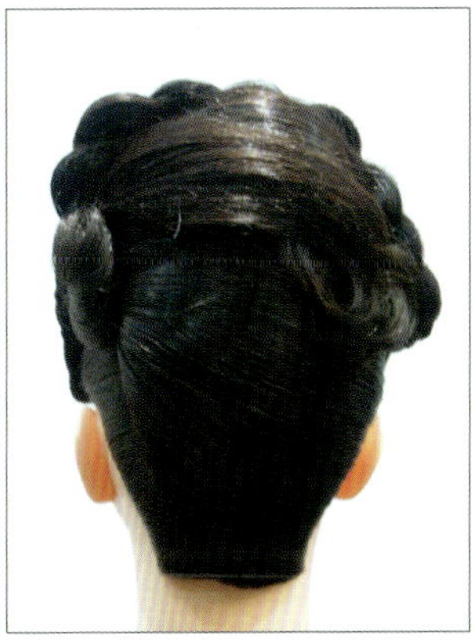

19 모발의 끝이 안으로 들어가게 한다.

모델 성아 메이크업 윤미희 사진 안진용

(6) U핀 꼬기

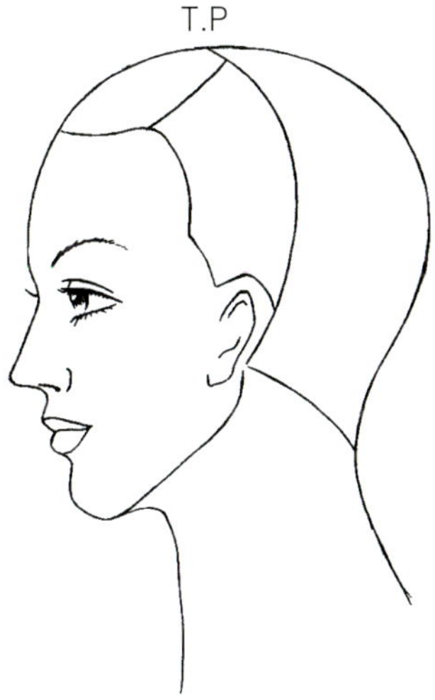

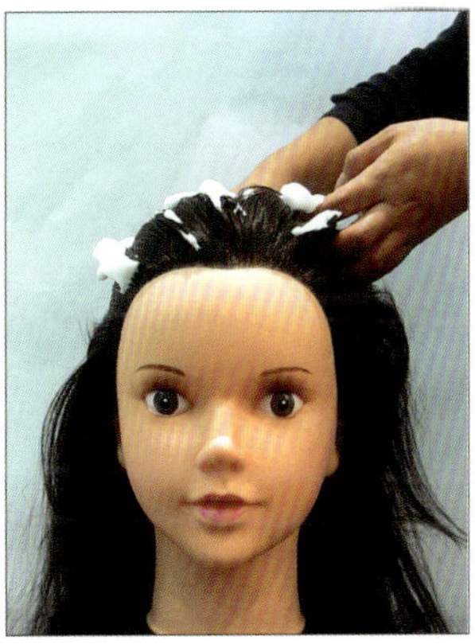

1 헤어 무스를 모발 전체에 발라준다.

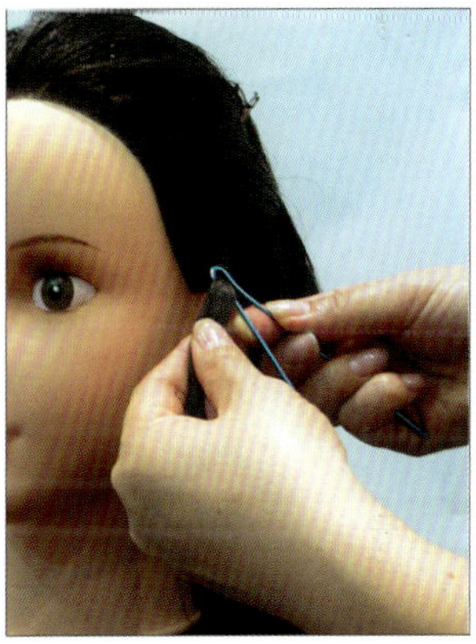

2 가장자리부터 모발을 잡아 U핀이나 철사에 대고 고정한다.

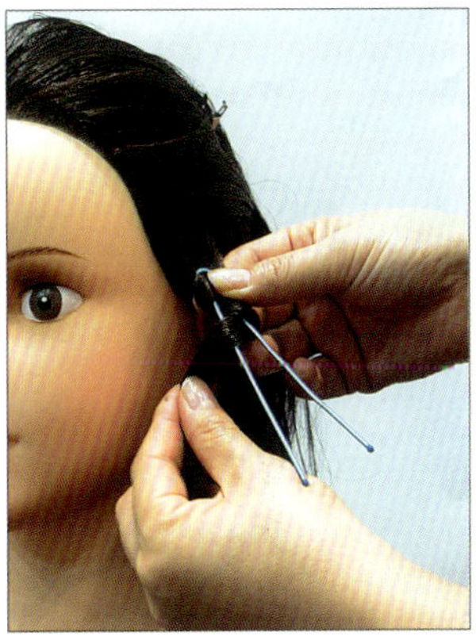

3 철사에 모발을 X자로 엮어준다.

4 핀으로 고정한다.

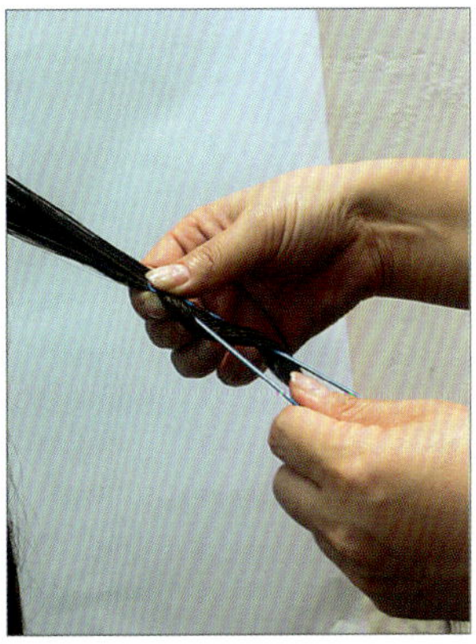

5 만약 끝부분만 웨이브를 원할 경우 원하는 부분부터 엮어주면 된다.

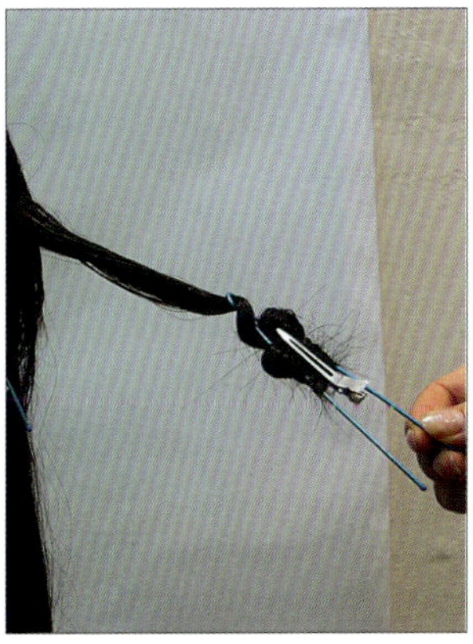

6 핀으로 고정한다.

7 모발 전체를 한 후 드라이를 해주면 좀더 빨리 완성된다.

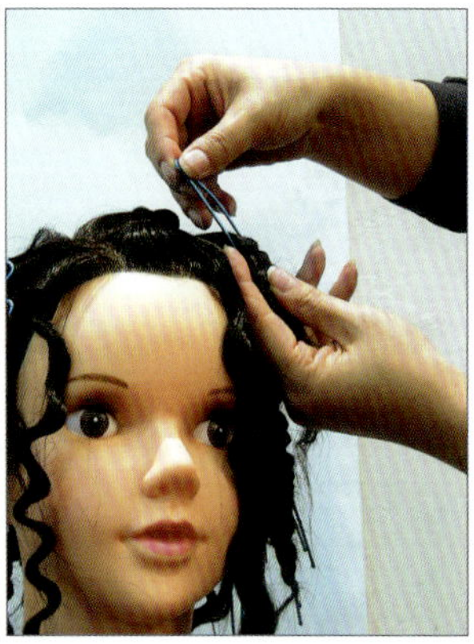

8 빼줄 때는 핀을 빼고 철사나 U핀을 위로 빼주면 된다.

9 철사나 U핀을 뺀 후

10 모발을 브러시한 후

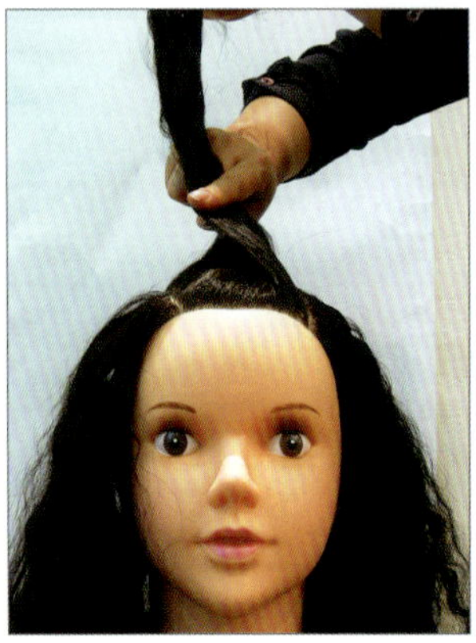

11 T.P와 E.P 연결하여 블로킹하고 다시 앞 부분을 삼등분하여 가운데 모발을 잡아 빗을 대고 돌려준다.

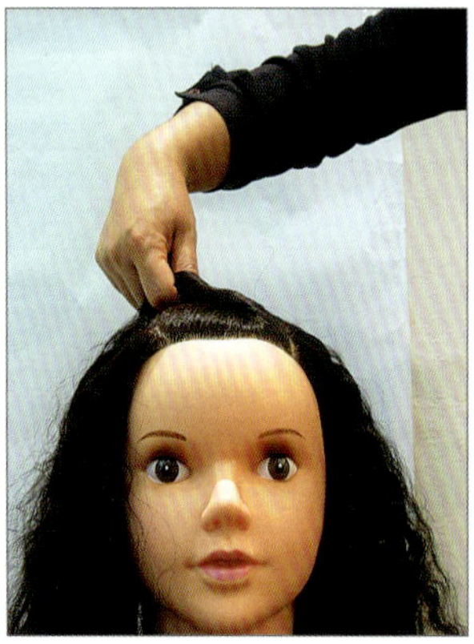

12 모발이 두피에서 들뜨지 않게 핀으로 고정한다.

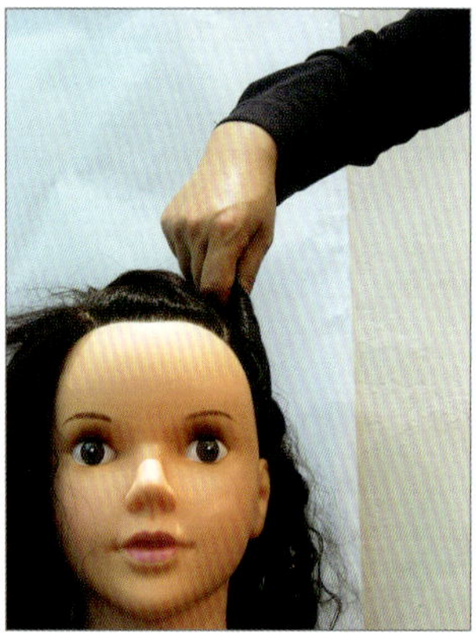

13 옆 부분의 모발도 빗을 대고 돌려주어 핀으로 고정한다.

3. 올림 머리(up style)

1) 시뇽 스타일(chignon style)

(1) 클래식 I

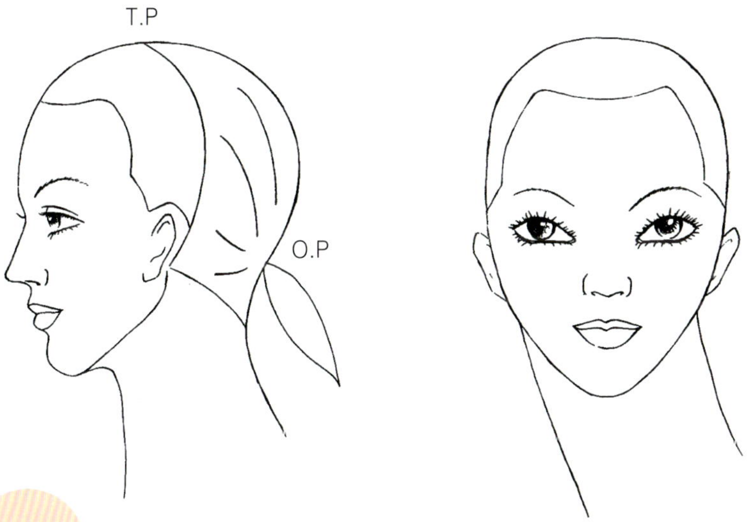

[Setting]

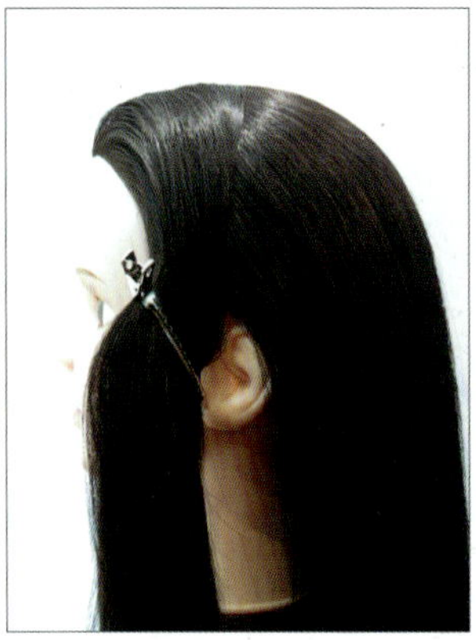

1 T.P와 E.P를 연결하여 앞뒤로 나눈다.

2 B.N.M.P까지 B.C한다.

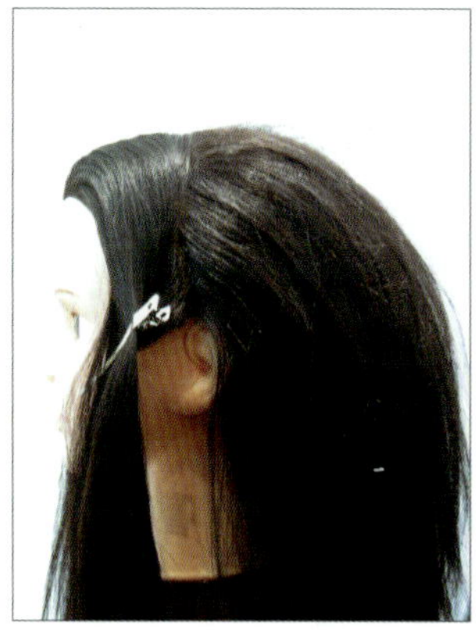

3 B.C 한 모발의 방향을 정리하면서 내린다.

4 BNMP 부분에서 고무줄로 모발을 단단하게 고정한다.

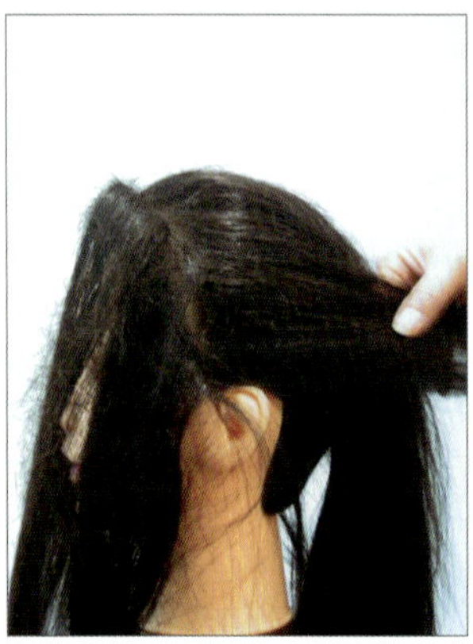

5 남은 모발도 B.C 한다. 이때도 묶은 부분 전까지 B.C을 해야한다.

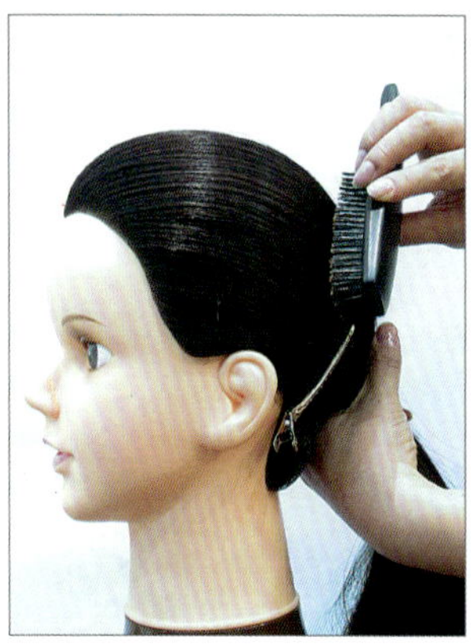

6 브러시로 모발을 정리하며 핀으로 임시 고정한다.

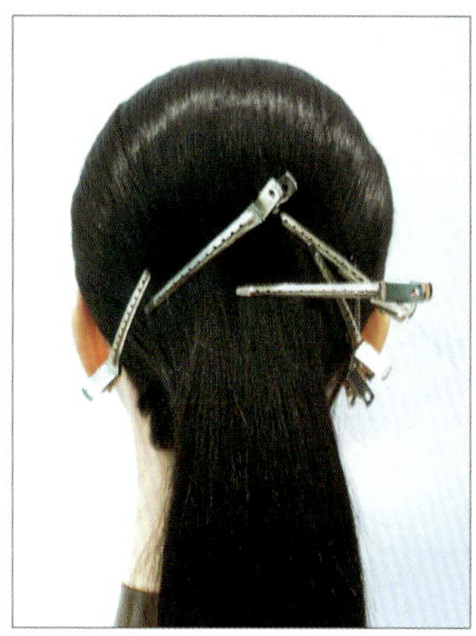

7 임시 고정한 핀을 서로 겹치게 꽂아야 모발이 들뜨지 않는다.

8 모발을 나누어 좌측 모발을 묶은 부분 우측에 고정한다.

9 우측 모발을 묶은 부분 좌측에 고정하여 고무줄이 보이지 않게 한다.

10 묶은 모발 전체를 B.C한다.

11 B.C한 다음 브러싱한 다음 헤어싱을 대고 말아준다.

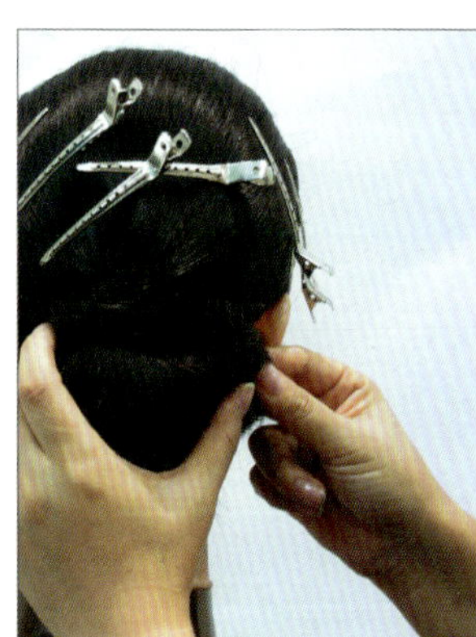

12 왼손으로 모발을 잡고 핀으로 고정한다.

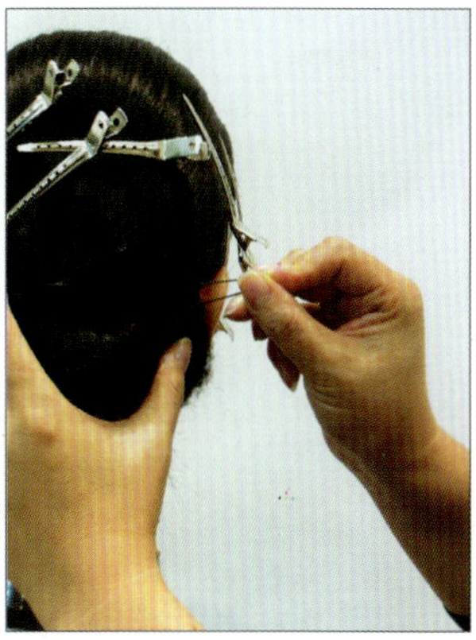

13 핀이 고무줄 묶은 부분 아래로 들어가게 한다.

14 왼쪽도 오른쪽과 동일하게 핀으로 고정한다.

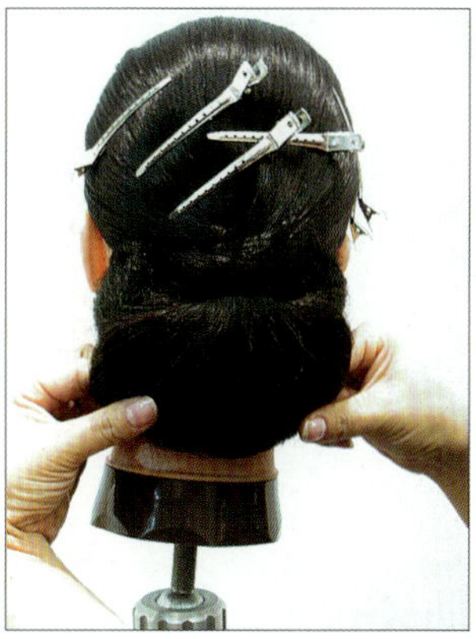

15 양 손가락을 헤어싱 사이로 넣어 모발을 펴준다.

16 헤어싱이 다 가려지도록 모발을 펴준다.

17 빗을 이용하여 모발을 깨끗하게 빗겨준다.

18 스프레이를 뿌려 깨끗하게 정리 고정한다.

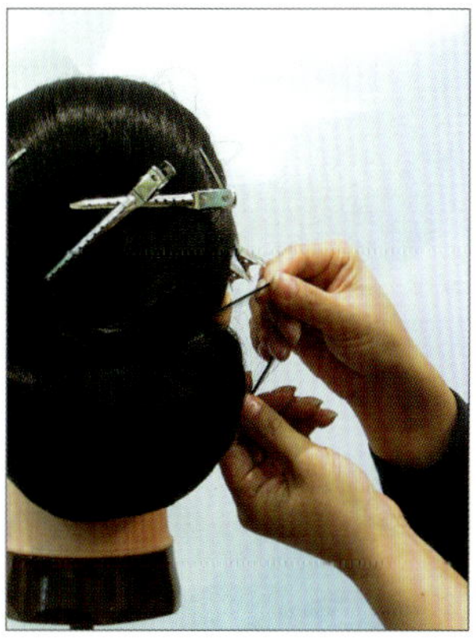

19 모발을 헤어망으로 감싸준다.

20 헤어망을 핀으로 고정한다.

• 헤어피스로 장식

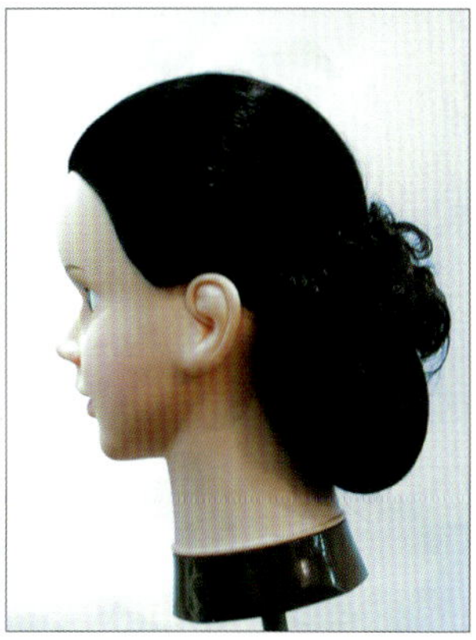

웨이브 있는 헤어피스를 이용하여 장식한다.

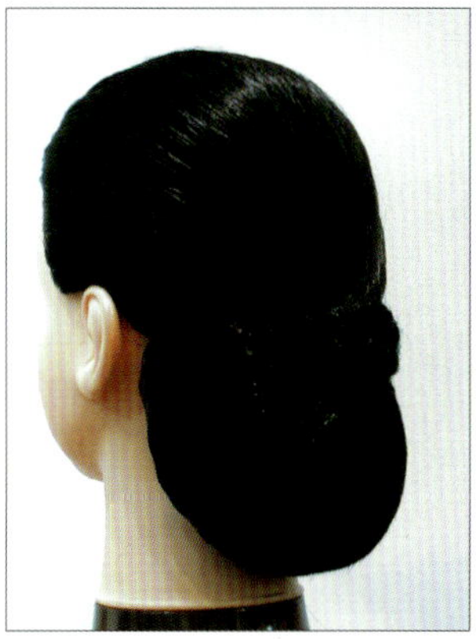

땋은 머리 헤어피스를 이용하여 장식한다.

모델 임정애　메이크업 권경애　사진 안진용

(2) 클래식 II

[Setting]

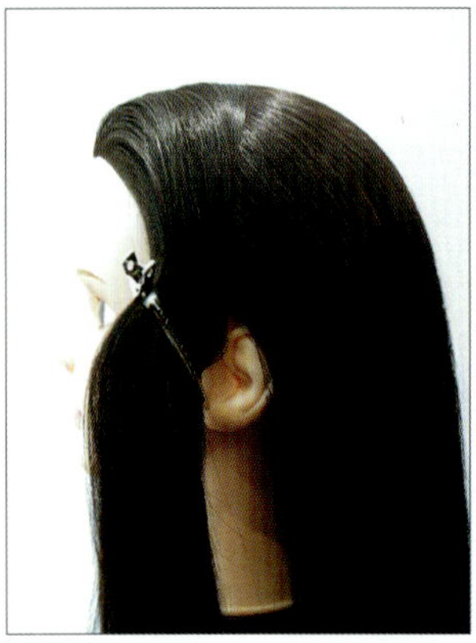

1 T.P와 E.P 연결하여 앞뒤로 나눈다.

2 B.N.M.P까지 B.C을 한다.

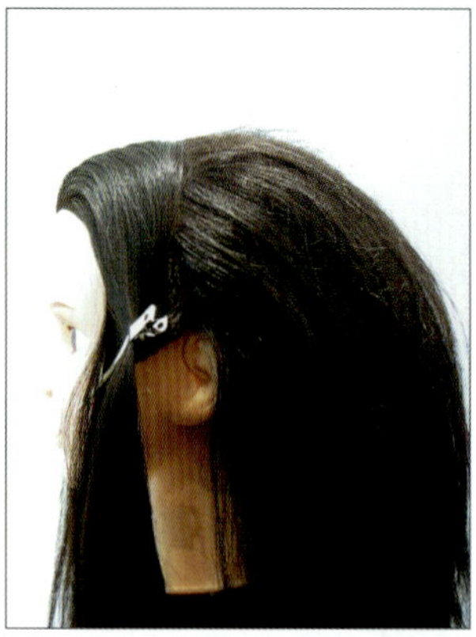

3 B.C 한 모발의 방향을 정리하면서 내린다.

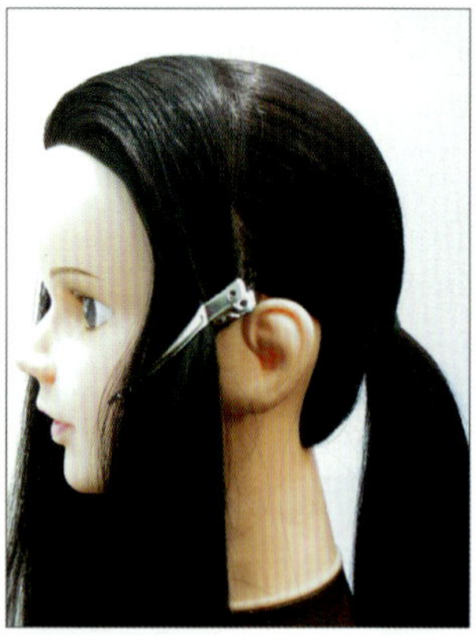

4 B.N.M.P 부분에서 고무줄로 모발을 단단하게 고정한다.

5 눈썹산을 기준으로 모발을 나눈 후 두 가닥 꼬기를 한다.

6 모발이 늘어지지 않게 손을 두피에 대고 모발을 꼬아준다.

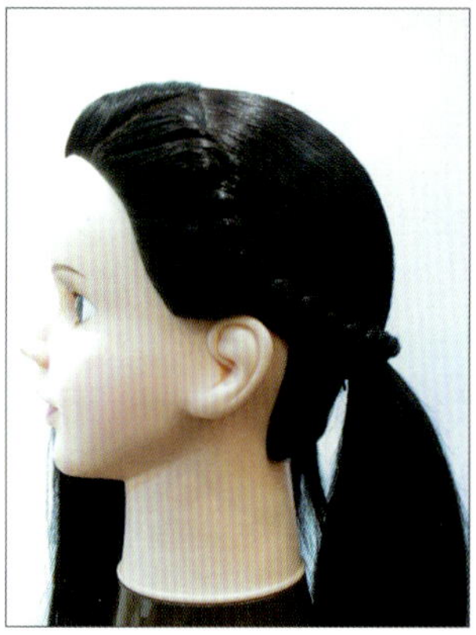

7 꼬은 모발로 고무줄을 가려준다.

8 반대편의 모발도 눈썹산 부분부터 꼬아준다.

9 모발이 늘어지지 않게 주의한다.

10 고무줄로 묶은 부분 아래 헤어싱을 고정한다.

11 헤어싱 옆에 헤어피스를 고정하여 싱을 감싸며 장식을 한다.

12 헤어피스로 헤어싱이 보이지 않게 한다.

13 헤어피스로 꼬기를 하여 장식이 윗부분과 연결되게 한다.

14 묶은 모발을 나누어 B.C 한 후 브러시로 정리하여 장식을 하며 핀으로 고정한다.

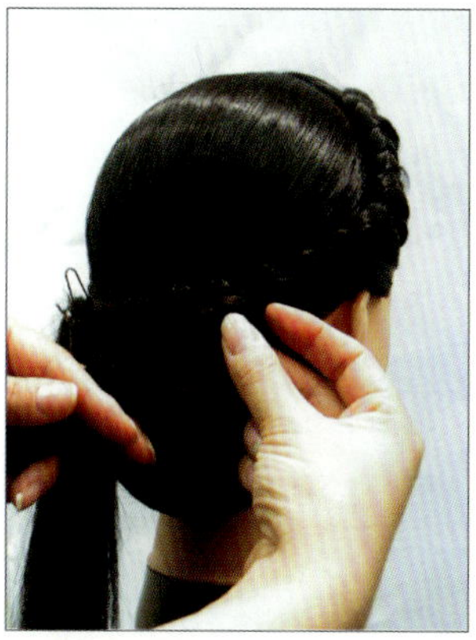

15 헤어피스와 모발로 만든 장식이 서로 연결되게 한다.

16 헤어 스프레이를 뿌려 모발을 고정시킨다.

모델 서성미　메이크업 이황정　사진 안진용

(3) 1920년대 스타일

[Setting]

1 T.P와 E.P를 연결하여 앞뒤로 나눈다. G.P부분에 적당량의 모발을 잡아 고무줄로 단단하게 묶어준다.

2 헤어싱을 고정한다.

3 모발의 색과 어울리는 헤어피스로 헤어싱이 보이지 않게 고정한다.

4 모발을 조금씩 나누어 B.C 한 후 브러시로 정리하여 헤어피스와 연결되게 장식한다.

5 안쪽 모발부터 장식을 하는데 장식의 모양이 서로 겹치는 것이 좋다.

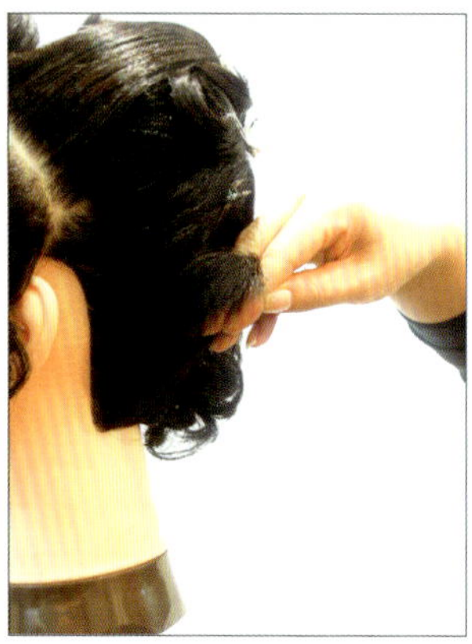

6 모발의 길이에 맞추어 장식을 한다.

7 뒷모습을 먼저 완성한다.

8 측면 모발은 쳐져 보이지 않게 올려서 장식한다.

9 볼륨감이 생기지 않게 주의한다.

10 얼굴형과 어울리게 모발의 결을 맞추어 핀으로 고정한 후 빗 전체에 모발을 걸어준다.

11 빗을 얼굴쪽으로 내린다.

12 가운데 모발과 측면 모발을 핀으로 보이지 않게 연결해 준다.

모델 허지원　메이크업 이황정　사진 안진용

(4) 1950년대 스타일

[Setting]

1 T.P와 E.P 연결하여 앞뒤로 나눈다. T.P 부분에 모발을 적당히 잡아 묶어준다.

2 B.C 넣는다.

3 왁스를 B.C 넣은 모발에 바른후 브러시로 빗겨준다.

4 핀으로 고정을 하며 빗겨주어야 늘어지는 부분이 생기지 않는다.

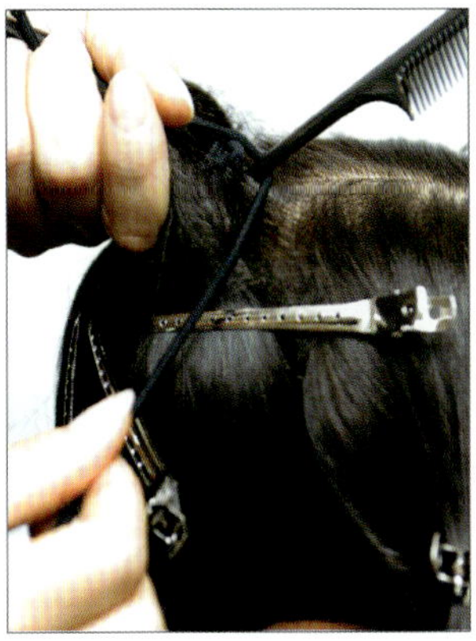

5 먼저 고무줄로 묶은 부분의 안쪽에 빗을 고정하여 그 안쪽으로 고무줄을 돌려준다.

6 빗을 빼기 전에 U핀으로 고무줄을 고정한다.

7 U핀이 먼저 묶은 고무줄의 안쪽으로 고정되어야 한다.

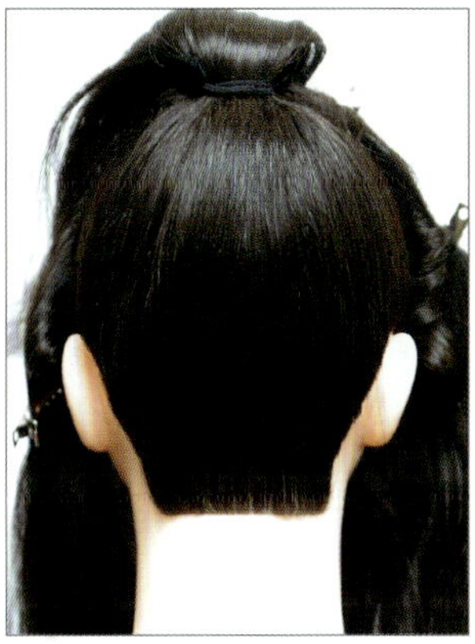

8 핀을 빼고 스프레이를 뿌려 깨끗하게 정리하여 고정한다.

9 눈썹산을 기준으로 모발을 나눈다. 모발을 사선으로 나누어 B.C 넣는다. 왁스를 B.C 넣은 부분에 바른 후 브러시로 빗겨준 후 U핀으로 고정한다.

10 고무줄 묶은 부분의 모발을 B.C한다.

11 B.C한 모발을 빗겨준다.

12 헤어싱을 가운데 대고 모발로 감싼다.

13 헤어싱을 U핀으로 고정한다. 헤어싱과 모발 사이에 손을 넣어 모발을 펴준다.

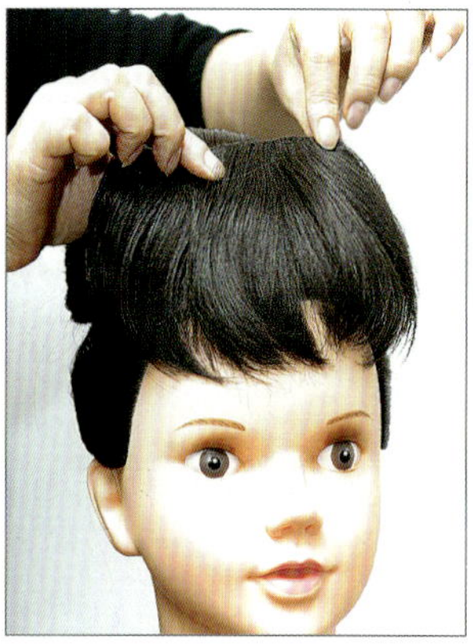

14 앞머리 피스를 얼굴형에 어울리게 고정한다.

15 앞머리 피스를 얼굴형에 어울리게 모발을 정리하여 고정한다.

16 앞머리 피스와 측면 모발을 자연스럽게 연결한다.

17 앞머리 피스와 모발 사이의 공간을 땋은 헤어피스로 고정한다.

18 땋은 헤어피스로를 헤어싱 안으로 넣어 고정한다.

모델 박지혜　　메이크업 김이화　　사진 안진용

(5) 헤어피스 사용 I

[Setting]

1 T.P와 E.P 연결하여 블로킹하여 앞뒤로 나눈다. G.P 부분에 적당량의 모발을 잡아 양쪽으로 고무줄로 단단하게 묶어준다.

2 헤어싱을 고정한다.

3 모발에 B.C 하여 헤어싱을 가려준다.

4 볼륨감을 주기 위해서는 모발을 목쪽으로 당겨서 B.C 한다.

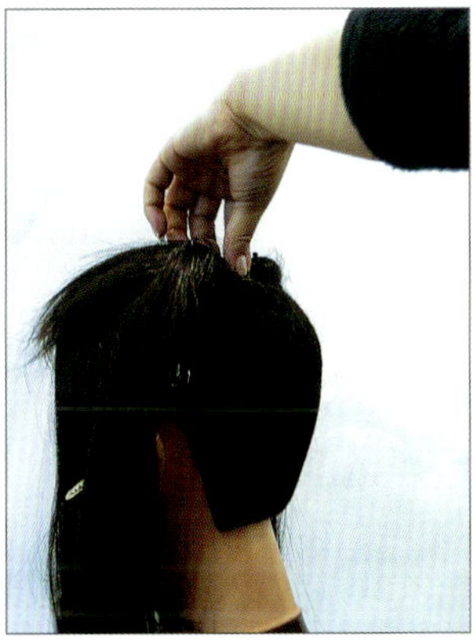

5 왁스를 B.C을 넣은 부분에 바른 후 브러시로 빗겨준 후 핀으로 고정한다.

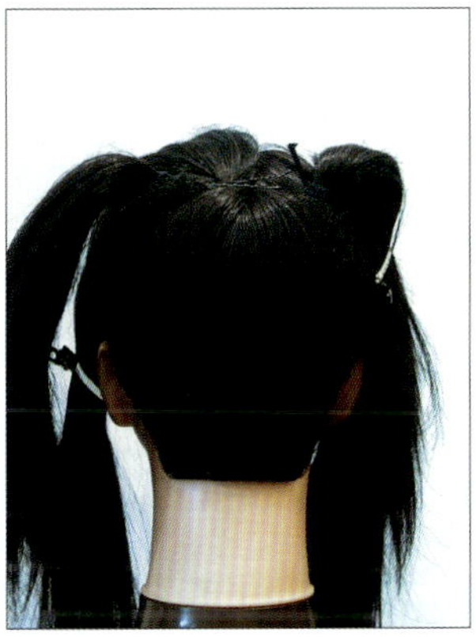

6 스프레이를 뿌려 모발을 깨끗하게 정리하여 고정한다.

7 모발을 삼 등분으로 나눈다.

8 사선으로 나누어 B.C 넣는다.

9 볼륨감을 주기 위해 모발을 얼굴방향으로 당겨서 B.C 한다.

10 스프레이를 뿌린 후 빗으로 깨끗하게 정리한다.

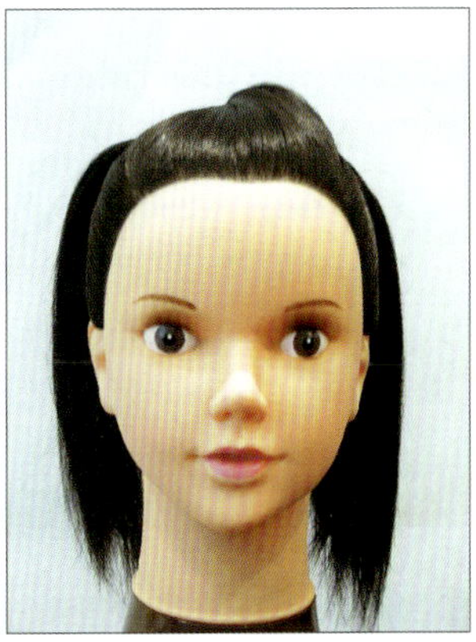

11 양쪽의 볼륨감을 맞춰 주어야 한다.

12 모발에 볼륨감을 주려면 모발의 뿌리를 아이론으로 살려준다.

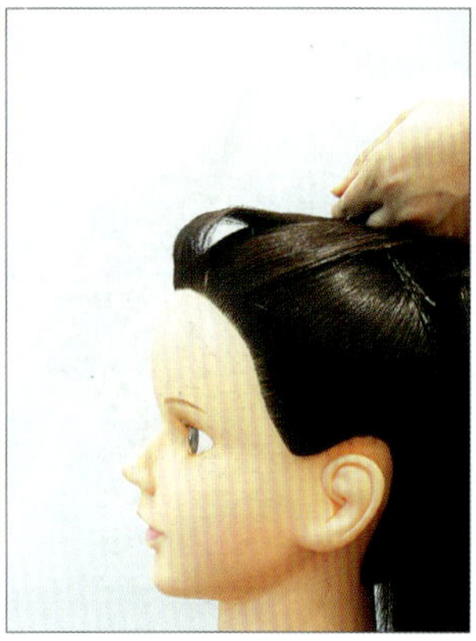

13 얼굴형에 어울리게 뿌리를 살려준다.

14 모발을 직선으로 나누어 B.C 넣는다.

15 왁스를 B.C 넣은 부분에 바른 후 브러시로 빗겨준다.

16 핀으로 고정한다.

17 모발의 색과 어울리는 헤어피스를 핀으로 고정한다.

18 모발을 나누어 B.C 한다.

19 브러시로 빗겨준다.

20 얼굴형에 어울리게 장식한다.

21 핀으로 고정한 후 모발을 펴준다.

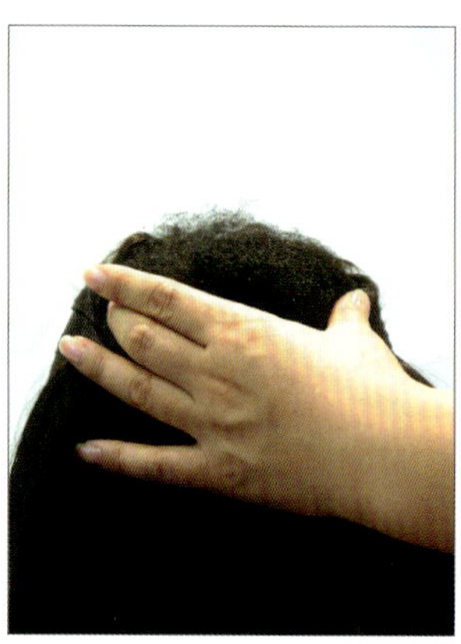

22 묶은 모발 사이에 헤어싱을 고정하여야 볼륨감을 줄 수 있다.

23 모발의 방향을 바꾸려면 핀으로 고정을 하면 된다.

24 만약, 모발의 양이 부족하면 헤어싱을 모발 안에 넣어 준다.

25 헤어싱으로 감은 모발은 U핀으로 고정한다.

26 모발을 나누어 B.C 한 후 브러시로 정리하여 얼굴형에 어울리게 장식한다.

27 모발의 방향이 한 쪽으로 되지 않도록 주의한다.

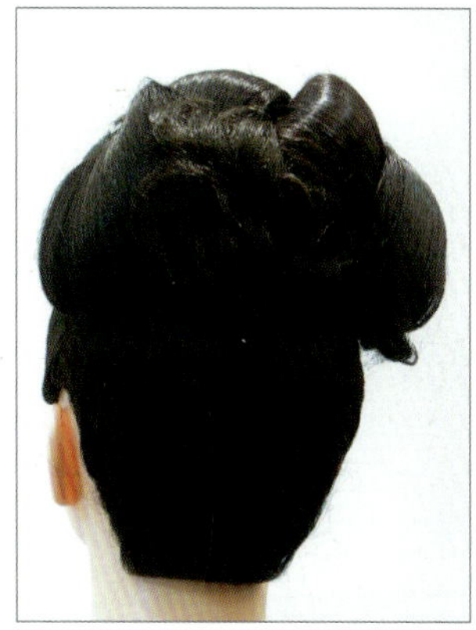

28 헤어피스가 한 쪽에만 있지 않게 주의하며 고정한다. 헤어피스도 B.C하여 모발과 어울리게 한다.

29 볼륨감이 부족한 부분에 헤어피스를 고정한다.

30 스프레이는 뿌린 후 핀이 보이지 않게 고정한다.

모델 허지원　메이크업 이황정　사진 안진용

(6) 헤어피스 사용 II

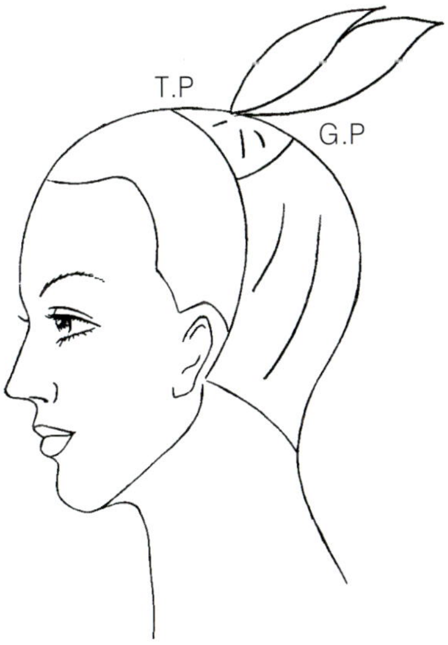

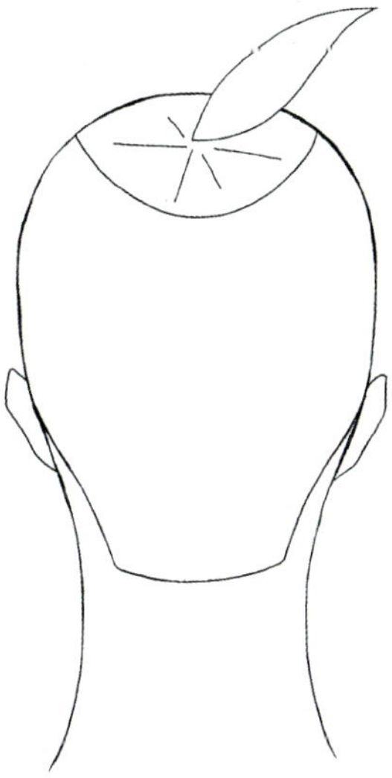

[Setting]

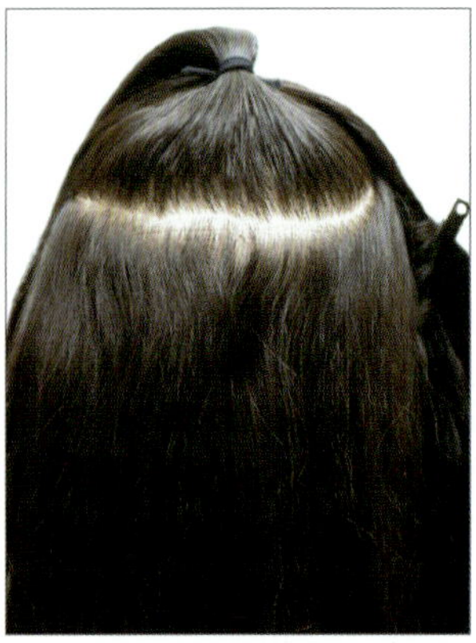

1 T.P와 E.P 연결하여 블로킹하여 앞뒤로 나눈다. G.P 부분에 적당량의 모발을 잡아 고무줄로 단단하게 묶어준다.

2 B.C 넣는다.

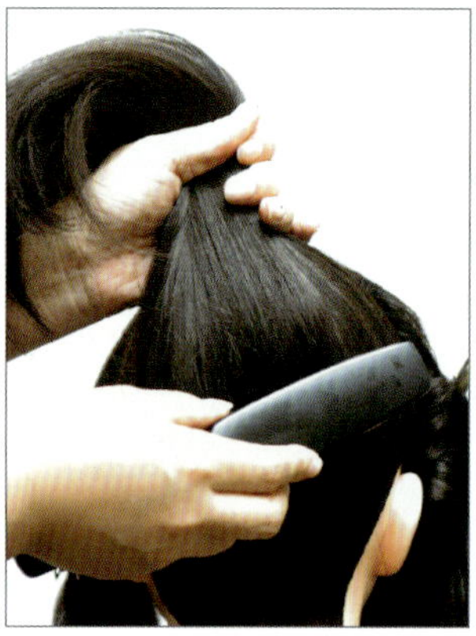

3 왁스를 B.C 넣은 부분에 바른 후 브러시로 빗겨준다.

4 핀으로 고정을 하며 빗겨주어야 늘어지는 부분이 생기지 않는다.

5 먼저 고무줄로 묶은 부분의 안쪽에 빗을 고정하여 그 안쪽으로 고무줄을 돌려준다.

6 빗을 빼기 전에 U핀으로 고무줄을 고정한다.

7 U핀이 먼저 묶은 고무줄의 안쪽으로 고정되어야 한다.

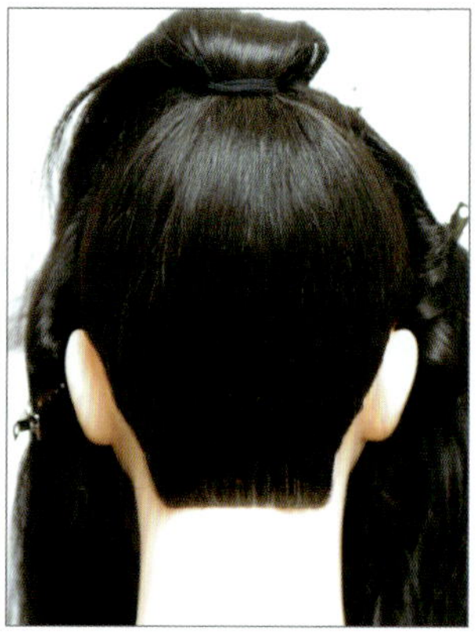

8 핀을 빼고 스프레이를 뿌려 깨끗하게 정리하여 고정한다.

9 모발의 양쪽으로 나누어 B.C 넣은 후 왁스를 B.C 넣은 부분에 바른 후 브러시로 빗겨준 후 U핀으로 고정한다.

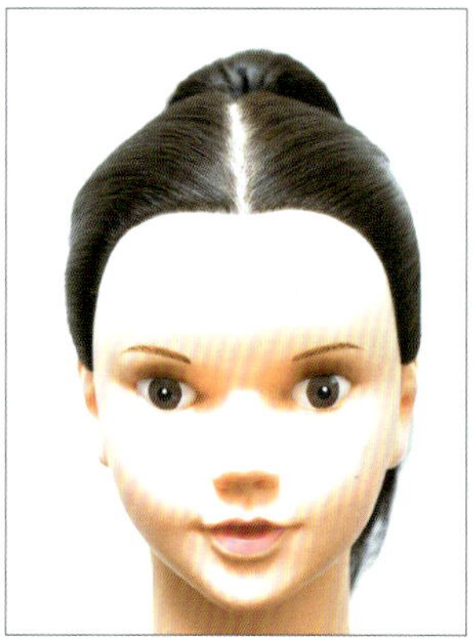

10 가운데 가르마는 양쪽 모발의 방향이 같아야 한다.

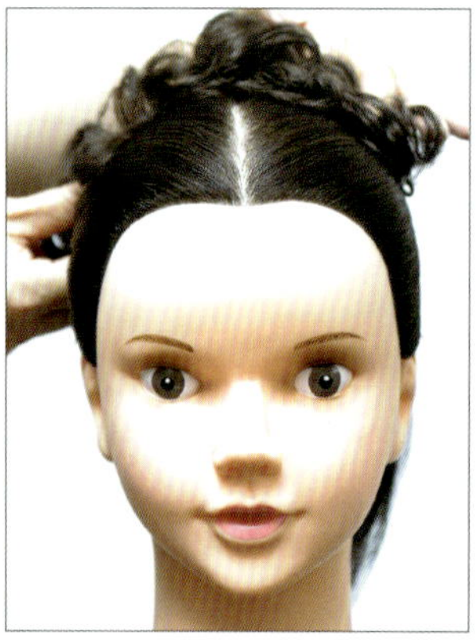

11 모발의 색과 어울리는 헤어피스를 고정한다.

12 헤어피스 부분을 핀으로 고정한다.

13 헤어피스가 두피에서 들뜨지 않게 단단하게 고정해야 한다.

14 모발을 나누어 B.C 한다.

15 B.C한 모발을 브러시로 정리하여 준다.

16 얼굴형에 어울리게 장식한다.

17 헤어피스가 한 쪽에만 있지 않게 주의하며 고정한다.

18 헤어피스에도 B.C하여 모발과 어울리게 한다.

19 스프레이를 뿌려 깨끗하게 정리하여 고정한다.

모델 고은혜　메이크업 박혜선　사진 안진용

(7) 헤어피스 사용 III

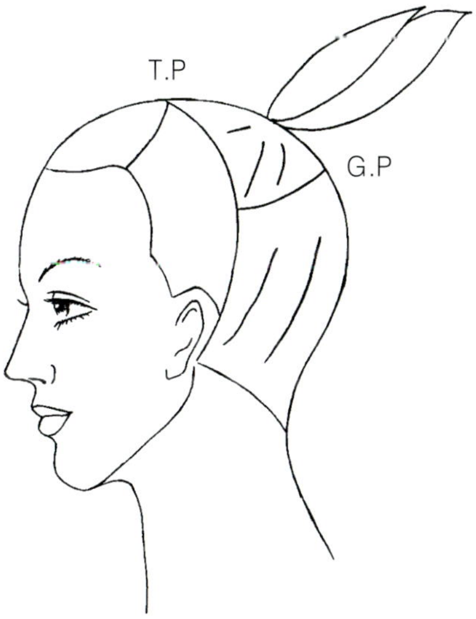

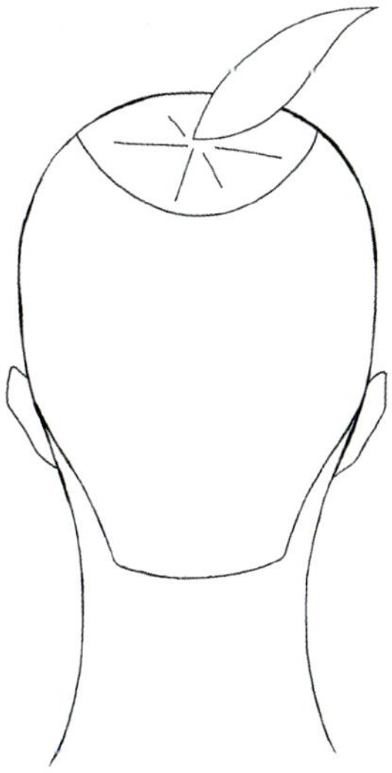

[Setting]

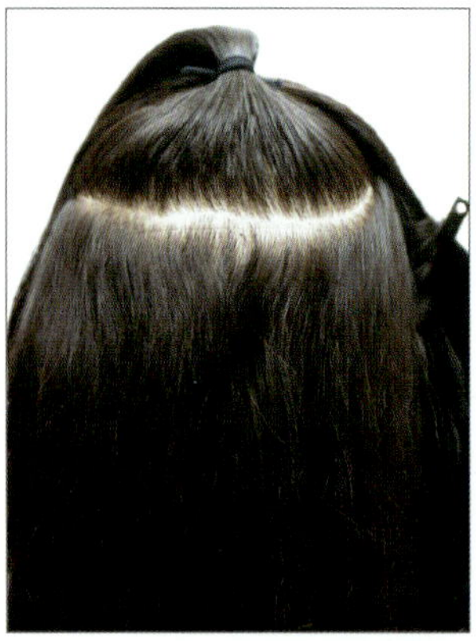

1 T.P와 E.P 연결하여 블로킹하여 앞뒤로 나눈다. G.P 부분에 적당량의 모발을 잡아 양쪽으로 고무줄로 단단하게 묶어준다.

2 B.C 넣는다.

3 왁스를 B.C 넣은 부분에 바른 후 브러시로 빗겨준다.

4 핀으로 고정을 하며 빗겨주어야 늘어지는 부분이 생기지 않는다.

5 먼저 고무줄로 묶은 부분의 안쪽에 빗을 고정하여 그 안쪽으로 고무줄을 돌려준다.

6 빗을 빼기 전에 U핀으로 고무줄을 고정한다.

7 U핀이 먼저 묶은 고무줄의 안쪽으로 고정되어야 한다.

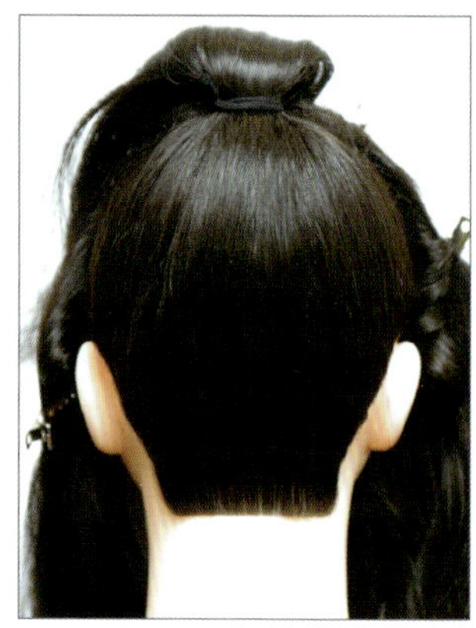

8 핀을 빼고 스프레이를 뿌려 깨끗하게 정리하여 고정한다.

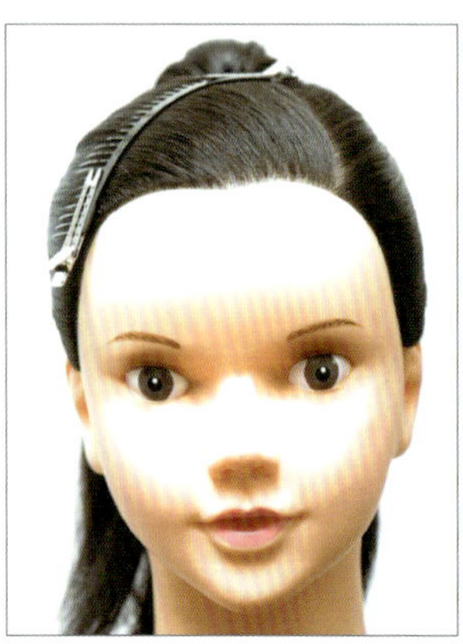

9 눈썹산을 기준으로 모발을 좌우로 나눈다. 모발을 사선으로 나누어 B.C 넣는다. 왁스를 B.C 넣은 부분에 바른 후 브러시로 빗겨준 후 U핀으로 고정한다.

10 모발과 같은 색의 헤어피스를 고무줄로 묶은 모발의 앞에 고정한다.

11 땋은 헤어피스를 얼굴형에 맞게 고정한다.

12 모발을 나누어 B.C 한다.

13 브러시로 정리하여 얼굴형에 어울리게 장식한다.

14 장식은 서로 겹치게 한다.

15 스프레이를 뿌리고 모발을 정리한 후 핀이 보이지 않게 고정한다.

모델 허지원 메이크업 이황정 사진 안진용

(8) 굵은 컬

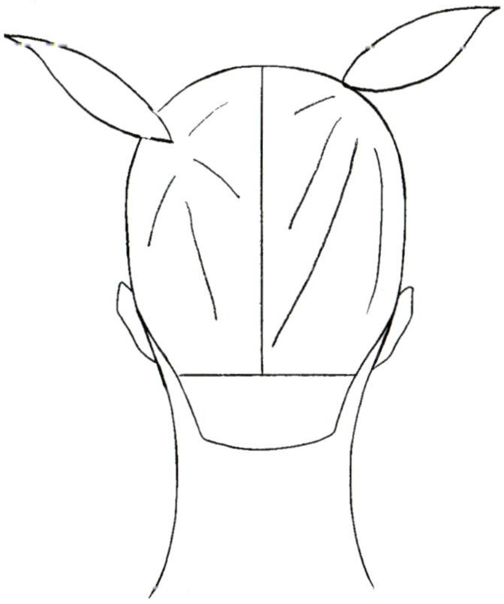

[Setting]

1 T.P와 E.P를 연결하여 앞뒤로 나눈다. G.P부분에 적당량의 모발을 잡아 양쪽으로 고무줄로 단단하게 묶어준다.

2 헤어싱을 고정한다.

3 B.C하여 헤어싱을 가려준다.

4 볼륨감을 주기 위해서는 모발을 목 방향으로 당겨서 B.C한다.

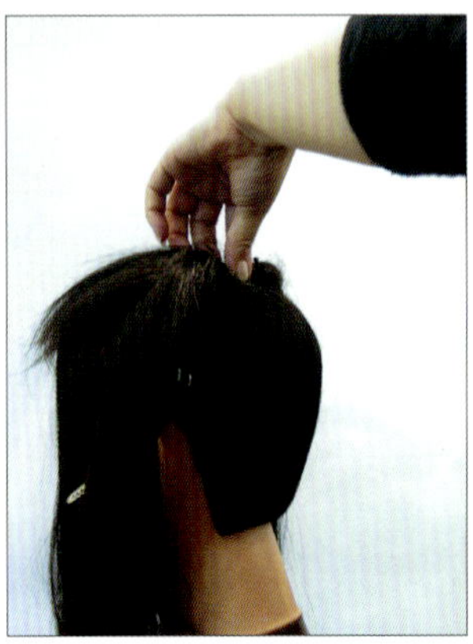

5 왁스를 B.C 넣은 부분에 바른 후 브러시로 빗겨주고 핀으로 고정한다.

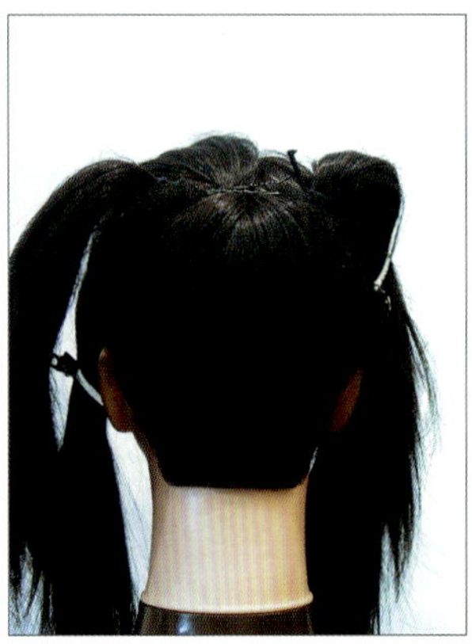

6 스프레이를 뿌린후 빗으로 깨끗하게 정리한다.

7 모발을 삼 등분으로 나눈다.

8 사선으로 나누어 B.C 넣는다.

9 볼륨감을 주기 위해 얼굴 방향으로 당겨 모발에 B.C 넣어준다.

10 왁스를 B.C 넣은 부분에 바른 후 브러시로 빗겨준 후 핀으로 고정한다.

11 스프레이를 뿌린 후 빗으로 깨끗하게 정리한다.

12 양쪽의 볼륨감을 맞춰 주어야 한다.

13 모발에 볼륨감을 주려면 모발의 뿌리를 아이론으로 살려준다.

14 얼굴형에 어울리게 뿌리를 살려준다.

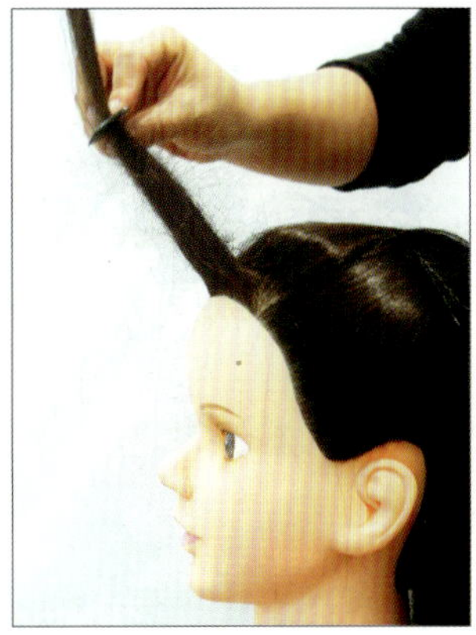

15 모발을 직선으로 나누어 B.C 넣는다.

16 왁스를 B.C 넣은 부분에 바른 후 브러시로 빗겨준다.

17 핀으로 고정한다.

18 모발을 나누어 B.C한 후 브러시로 정리하여 둥글게 말아 핀으로 고정한다.

19 둥글게 말은 모발을 펴준다.

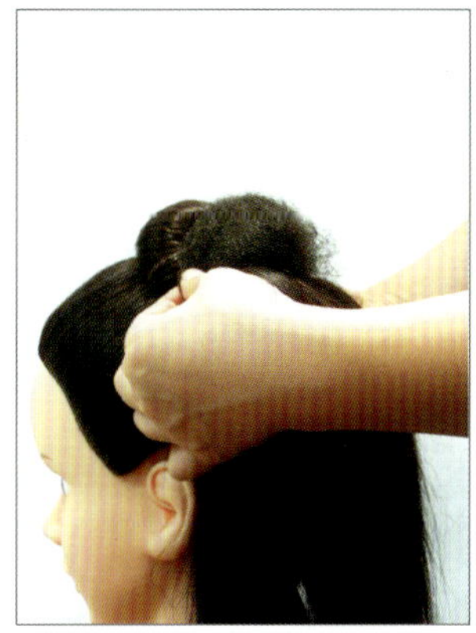

20 헤어싱을 장식한 모발의 바로 뒤에 고정한다.

21 모발을 나누어 B.C한 후 브러시로 정리하여 둥글게 말아 핀으로 고정한다.

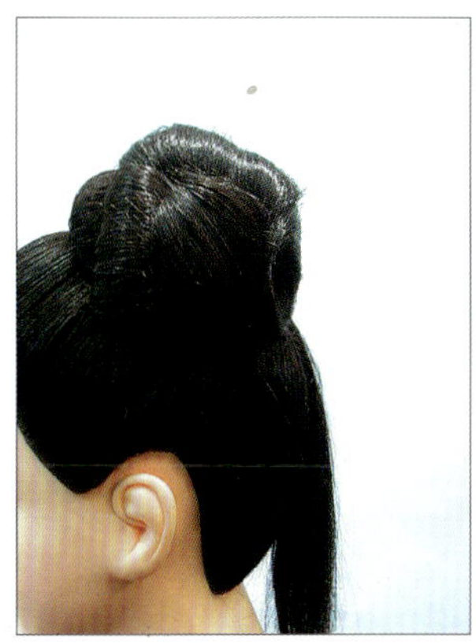

22~25 앞 부분부터 얼굴형에 어울리게 모발을 장식한다.

25

26 스프레이를 뿌리고 모발을 정리한 후 핀이 보이지 않게 고정한다.

모델 박지혜　메이크업 김이화　사진 안진용

(9) 1960년대 스타일

[Setting]

1 모발을 하나로 묶는다.

2 모발에 B.C한다.

3 헤어싱을 고정한다.

4 헤어싱을 모발로 감싼다.

5 고무줄로 묶어준다.

6 모발이 짧을 경우는 헤어피스를 더한 후 헤어싱을 고정 후 감싼다.

7 완성된 모습

모델 서성미 메이크업 권경애 사진 안진용

2) 오버랩 스타일(overlap style)

(1) 소라변형

[Setting]

1 T.P와 E.P를 연결하여 앞뒤로 나눈다. G.P부분에 적당량의 모발을 잡고 땋아 토대를 만들어 준다.

2 모발을 좌우로 나눈다.

3 좌측모발을 사선으로 나누어 B.C 넣는다.

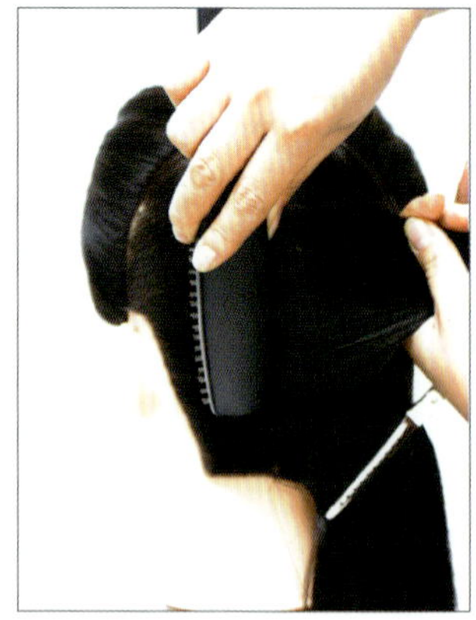

4 왁스를 B.C 넣은 부분에 바른 후 브러시로 빗겨준다.

5 왼손으로 좌측 모발의 빗긴 부분을 잡고 오른손으로 좌측 모발을 잡는다.

6 좌측 모발을 잡은 손을 돌린다.

7 U핀으로 고정을 한다. 이때 핀이 토대 아래로 가야한다. 네이프라인의 모발이 처지지 않게 핀을 꽂아준다.

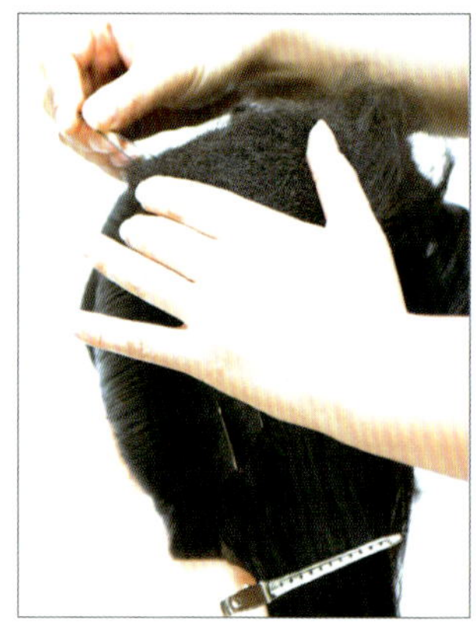

8 헤어싱을 삼각형으로 만들어 U핀으로 고정한다.

9 헤어싱의 아랫부분은 B.P까지 오게 한다.

10 헤어싱은 가운데 고정되어지도록 한다.

11 우측의 모발을 사선으로 나누어 B.C 넣는다.

12 B.C 충분히 넣어준다.

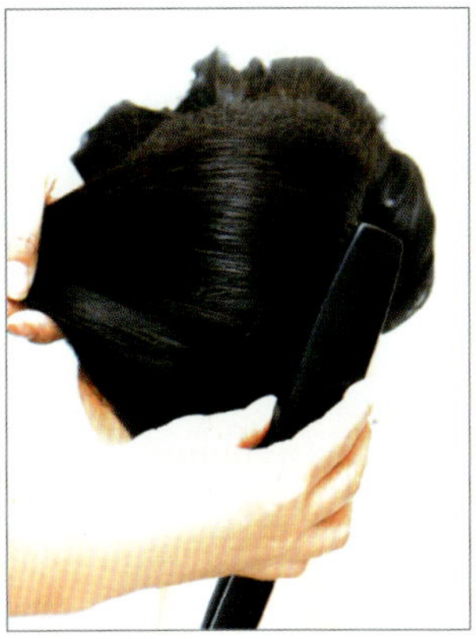

13 왁스를 B.C 넣은 부분에 바른 후 브러시로 빗겨준다.

14 왼손으로 우측 모발의 빗긴 부분을 잡고 오른손으로 우측모발을 잡는다.

15 왼손을 댄 상태에서 오른손을 돌려준다.

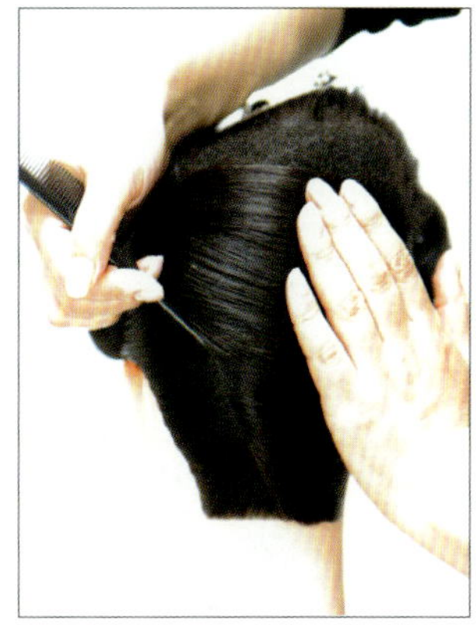

16 U핀으로 고정을 한다. 이때, 핀이 고무줄 묶은 부분의 아래로 가야한다. 말리지 않은 부분은 빗을 이용하여 안으로 넣어준다.

17 스프레이를 뿌려 깨끗하게 정리하여 고정한다.

18 모발을 삼 등분으로 나눈다.

19 가운데 모발을 다시 삼등분하여, 1/3을 B.C 많이 넣은 후 헤어싱과 연결하여 핀으로 고정한다.

20 사선으로 나누어 B.C 넣는다.

21 왁스를 B.C 넣은 부분에 바른 후 브러시로 빗겨준다.

22 스프레이를 뿌려 깨끗하게 정리한 후 핀으로 고정한다.

23 사선으로 나누어 B.C 넣는다. 왁스를 B.C 넣은 부분에 바른 후 브러시로 빗겨준다.

24 가운데 모발을 앞으로 내릴 부분과 뒤로 넘길 부분으로 나눈다.

25 뒤로 넘길 부분의 모발에 B.C 넣는다.

26 핀으로 임시 고정한다.

27 핀으로 임시 고정을 하면서 장식을 한다.

28 앞으로 내릴 부분 모발을 사선으로 빗긴다.

29 빗으로 모발을 걸어서 얼굴쪽으로 내린다.

30 얼굴형에 어울리게 내린다.

31 핀으로 임시 고정 후 모발을 장식한다.

32 임시 고정한 머리를 얼굴형에 어울리게 완전히 고정하고, 핀이 보이지 않게 모발의 방향으로 고정한다.

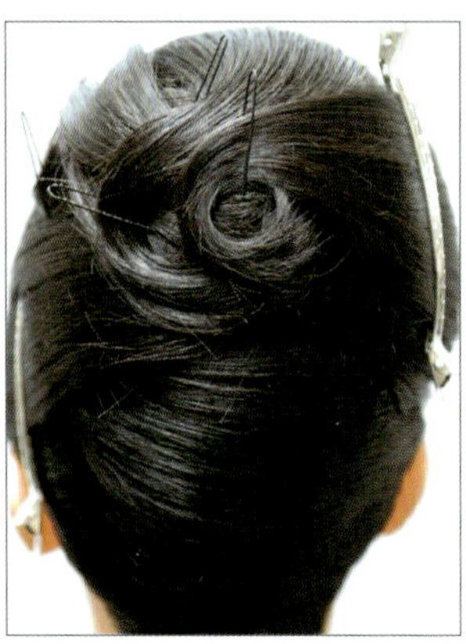

33 장식한 모발은 서로 겹쳐지는 것이 좋다.

34 앞으로 내린 모발이 측면의 모발과 연결되게 핀으로 고정한다. 이때 핀이 보이지 않게 주의한다.

모델 박지혜 메이크업 박혜선 사진 안진용

(2) 헤어피스 사용 I

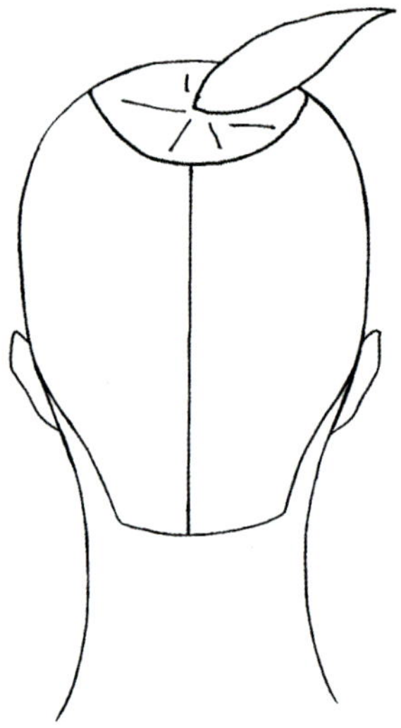

[Setting]

1 T.P와 E.P 연결하여 앞뒤로 나눈다. G.P부분에 적당량의 모발을 잡아 고무줄로 단단하게 묶어준다.

2 모발을 좌우로 나눈다.

3 좌측 모발을 사선으로 나누어 B.C 넣는다.

4 좌측 모발 전체에 B.C 넣은 후 핀으로 임시 고정한다.

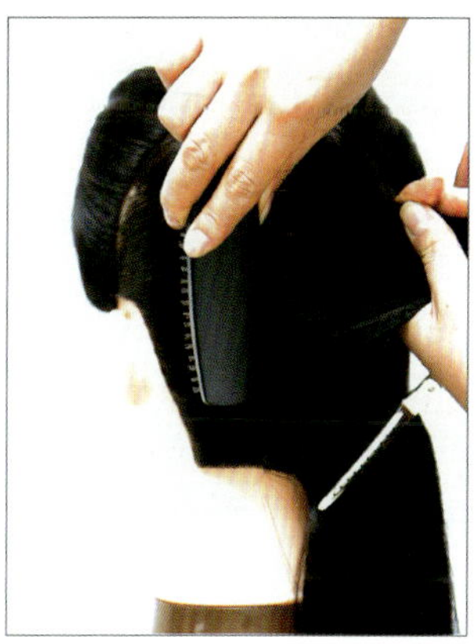

5 왁스를 B.C 넣은 부분에 바른 후 브러시로 빗겨준다.

6 왼손으로 좌측 모발의 빗긴 부분을 잡고 오른손으로 좌측 모발을 잡는다.

7 좌측 모발을 잡은 손을 돌린다.

8 U핀으로 고정을 한다. 이때 핀은 고무줄 묶은 부분의 아래로 가야 한다. 네이프라인의 모발이 처지지 않게 핀을 꽂아준다.

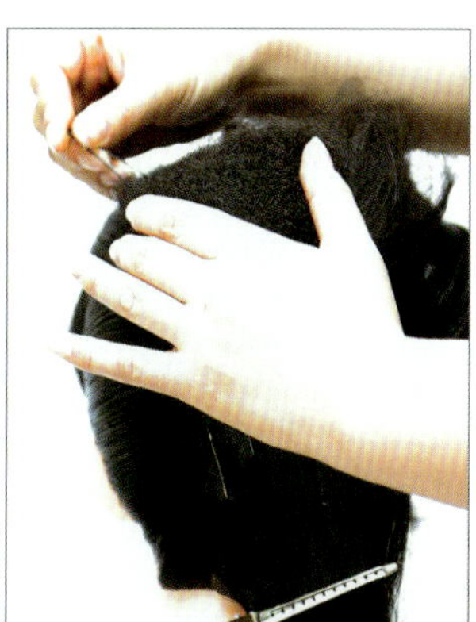

9 헤어싱을 삼각형으로 만들어 U핀으로 고정한다.

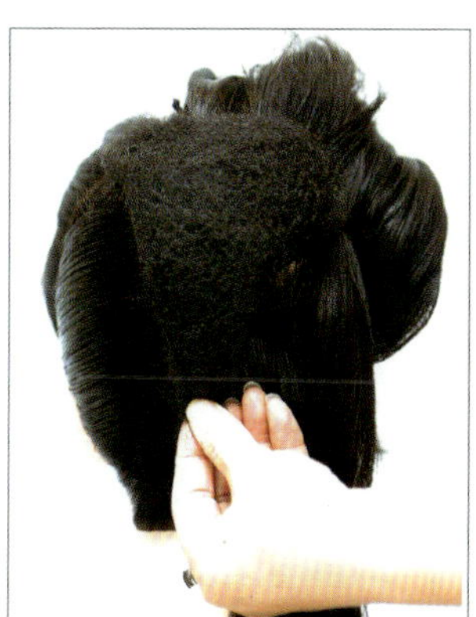

10 헤어싱의 아랫부분은 B.P까지 오게 한다.

11 헤어싱은 가운데에 고정되어지도록 한다.

12 우측의 모발을 사선으로 나누어 B.C 넣는다.

13 B.C 충분히 넣어준다.

14 왁스를 B.C 넣은 부분에 바른 후 브러시로 빗겨준다.

15 왼손으로 우측 모발의 빗긴 부분을 잡고 오른손으로 우측 모발을 잡는다.

16 왼손을 댄 상태에서 오른손을 돌려준다.

17 U핀으로 고정을 한다. 이때 핀은 고무줄 묶은 부분의 아래로 가야 한다. 말리지 않은 부분은 빗을 이용하여 안으로 넣어 준다.

18 스프레이를 뿌려 깨끗하게 정리하여 고정한다.

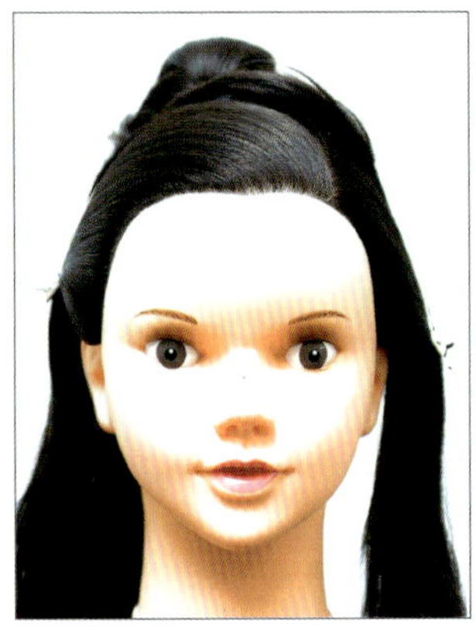

19 눈썹산을 기준으로 모발을 좌우로 나눈다.

20~22 모발의 볼륨감을 주려면 뿌리를 아이론으로 살려준다.

21

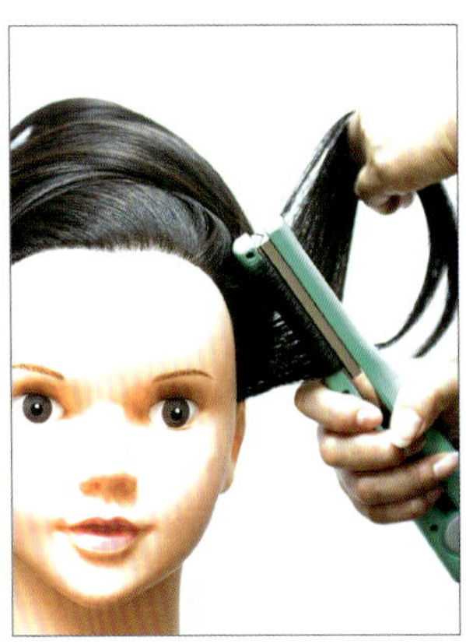

22

23 모발을 사선으로 나누어 B.C 넣는다.

24 모발을 사선으로 나누어 B.C 넣는다.

25 왁스를 B.C 넣은 부분에 바른 후 브러시로 빗겨준다.

26 모발을 헤어싱 옆에 U핀으로 고정한다.

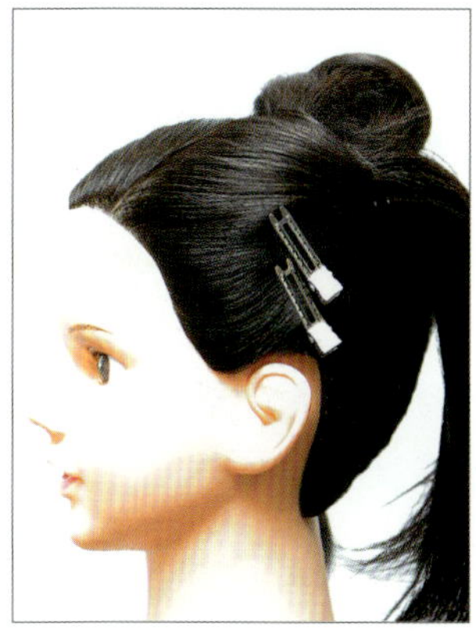

27 네이프라인의 모발이 처지지 않게 핀으로 임시 고정한다.

28~29 모발에 볼륨감을 주려면 모발의 뿌리를 아이론으로 살려준다.

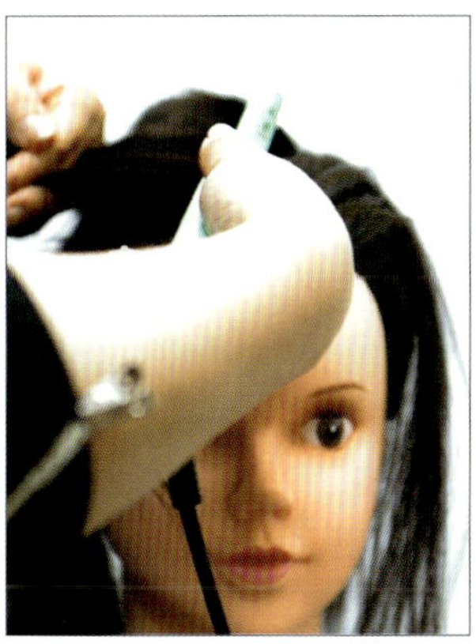

29

30~31 모발을 사선으로 나누어 B.C 넣는다.

32 왁스를 B.C 넣은 부분에 바른 후 브러시로 빗겨준다.

33 모발을 헤어싱 옆에 U핀으로 고정한다.

34 모발과 같은 색의 헤어피스를 고무줄로 묶은 모발 앞에 고정한다.

35 헤어피스를 망으로 감싼다.

36 헤어피스를 얼굴형에 맞게 고정한다.

37 묶은 모발을 나누어 B.C 한다.

38 B.C한 모발을 브러시로 빗긴 후 장식을 한다.

39 얼굴형에 어울리게 장식 한다.

40 땋은 헤어피스를 고정 한다.

41 땋은 헤어피스를 얼굴형 에 어울리게 고정한다.

42~44 남은 모발에 B.C하고 브러시로 빗긴 후 장식을 한다.

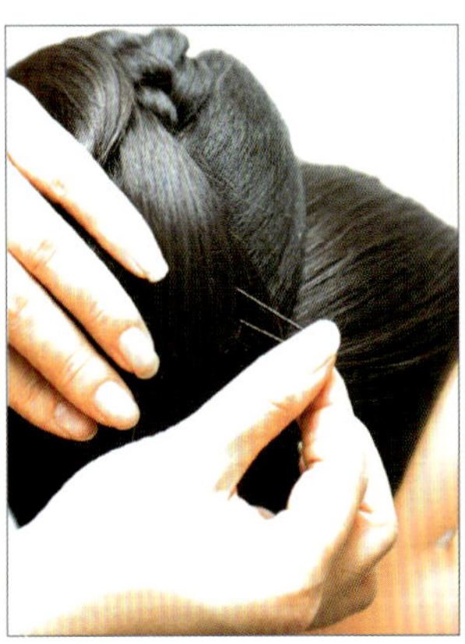

45 모발의 결에 맞추어 핀을 고정하여 핀이 보이지 않게 한다.

(3) 헤어피스 사용 II

[Setting]

1 T.P와 E.P 연결하여 블로킹 하여 앞뒤로 나눈다. G.P 부분에 적당량의 모발을 잡아 고무줄로 단단하게 묶어준다.

2 모발을 좌우로 나눈다.

3 좌측 모발을 사선으로 나누어 B.C 넣는다.

4 좌측 모발에 B.C 전부 넣은 후 핀으로 임시 고정한다.

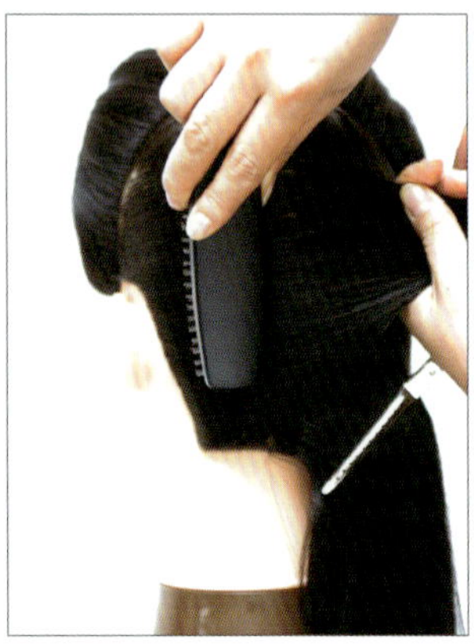

5 왁스를 B.C 넣은 부분에 바른 후 브러시로 빗겨준다.

6 왼손으로 좌측 모발의 빗긴 부분을 잡고 오른손으로 좌측 모발을 잡는다.

7 좌측 모발을 잡은 손을 돌린다.

8 U핀으로 고정을 한다. 이때 핀은 고무줄 묶은 부분의 아래로 가야 한다. 네이프라인의 모발이 처지지 않게 핀을 꽂아준다.

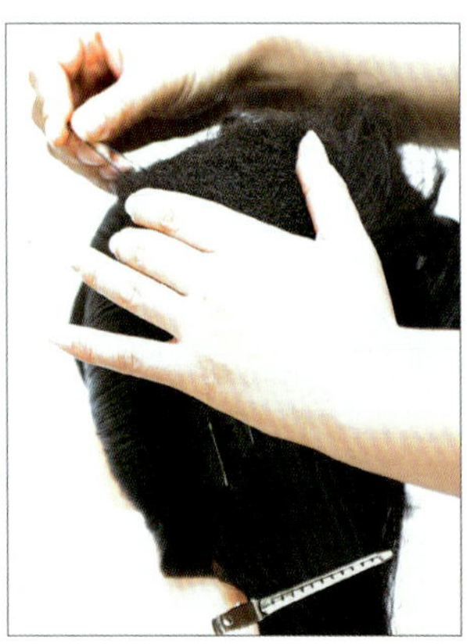

9 헤어싱을 삼각형으로 만들어 U핀으로 고정한다.

10 헤어싱의 아랫부분은 B.P까지 오게한다.

11 헤어싱은 가운데 고정되어지도록 한다.

12 우측의 모발을 사선으로 나누어 B.C 넣는다.

13 B.C 충분히 넣어준다.

14 왁스를 B.C 넣은 부분에 바른 후 브러시로 빗겨준다.

15 왼손으로 우측 모발의 빗긴 부분을 잡고 오른손으로 우측 모발을 잡는다.

16 왼손을 댄 상태에서 오른손을 돌려준다.

17 U핀으로 고정을 한다. 이때 핀이 고무줄 묶은 부분의 아래로 가야 한다. 말리지 않은 부분은 빗을 이용하여 안으로 넣어 준다.

18 스프레이를 뿌려 깨끗하게 정리하여 고정한다.

19 모발을 좌우로 나눈다.

20 모발을 사선으로 나누어 B.C 넣는다.

21 모발을 사선으로 나누어 B.C 넣는다.

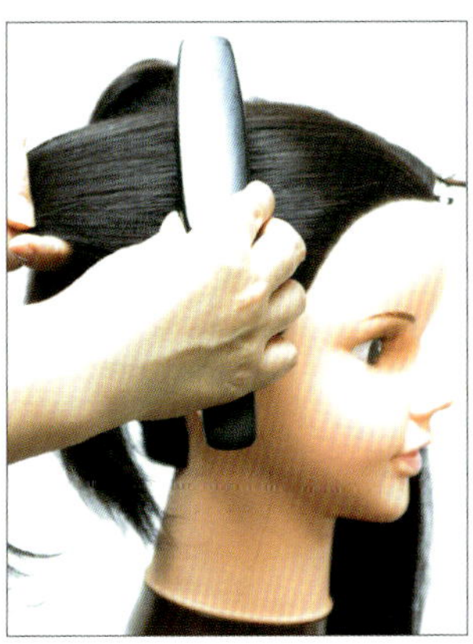

22 왁스를 B.C 넣은 부분에 바른 후 브러시로 빗겨준다.

23~24 헤어싱 옆에 U핀으로 고정한다.

25 묶은 모발을 나누어 B.C 한 후 브러시로 정리하여 둥글게 말아 핀으로 고정한다.

26 모발의 색과 어울리는 헤어 피스를 고정한다.

27 모발을 나누어 B.C한다.

28 브러시로 정리하여 장식한다.

29~31 모발을 나누어 B.C한 후 브러시로 정리하여 얼굴형에 어울리게 장식한다.

32 헤어피스에도 B.C하여 자연스럽게 한다.

33 헤어피스가 한 쪽에만 있지 않게 주의하여 고정한다.

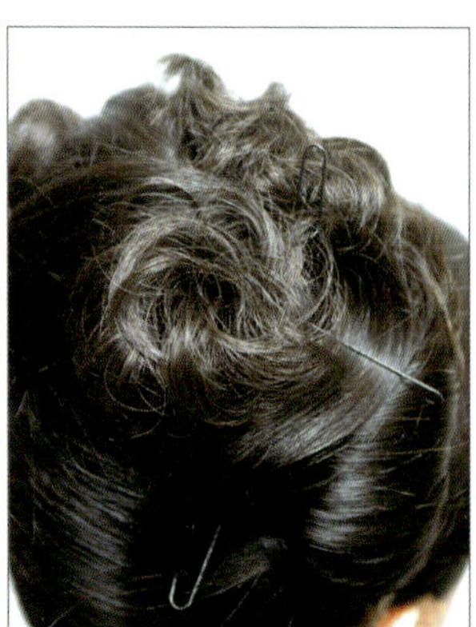

34 헤어피스도 B.C하여 자연스럽게 한다.

35~36 완성된 모습

모델 허지원　메이크업 이황정　사진 안진용

(4) 1950년대 스타일

[Setting]

1 T.P와 E.P 연결하여 앞뒤로 나눈다. G.P부분에 적당량의 모발을 잡아 고무줄로 단단하게 묶어준다.

2 모발을 좌우로 나눈다.

3 좌측 모발을 사선으로 나누어 B.C 넣는다.

4 좌측 모발에 B.C 전부 넣은 후 핀으로 임시 고정한다.

5 왁스를 B.C 넣은 부분에 바른 후 브러시로 빗겨준다.

6 왼손으로 좌측 모발의 빗긴 부분을 잡고 오른손으로 좌측 모발을 잡는다.

7 좌측 모발을 잡은 손을 돌린다.

8 U핀으로 고정을 한다. 이때 핀이 고무줄 묶은 부분의 아래로 가야 한다. 네이프라인의 모발이 처지지 않게 핀을 꽂아준다.

9 헤어싱을 삼각형으로 만들어 U핀으로 고정한다.

10 헤어싱의 아랫부분은 B.P까지 오게 한다.

11 헤어싱은 가운데 고정되어지도록 한다.

12 우측의 모발을 사선으로 나누어 B.C 넣는다.

13 B.C 충분히 넣어준다.

14 왁스를 B.C 넣은 부분에 바른 후 브러시로 빗겨준다.

15 왼손으로 우측 모발의 빗긴 부분을 잡고 오른손으로 우측 모발을 잡는다.

16 왼손을 댄 상태에서 오른손을 돌려준다.

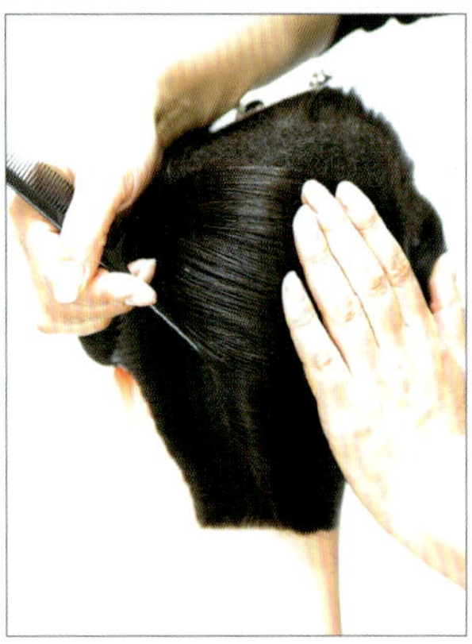

17 말리지 않은 부분은 빗을 이용하여 안으로 넣어 준다.

18 스프레이를 뿌려 깨끗하게 정리하여 고정한다.

19 모발을 삼 등분으로 나눈다.

20 가운데 모발을 다시 삼등분하여 2/3를 고무줄 묶은 부분의 앞에 핀으로 고정한다.

21 고무줄 묶은 부분의 모발과 핀으로 고정한 모발을 함께 B.C한다.

22 헤어싱을 가운데 대고 모발을 감싼다.

23 헤어싱 옆에 U핀으로 고정한다.

24 헤어싱과 모발 사이에 손을 넣어 모발을 펴준다.

25 스프레이를 뿌려 깨끗하게 정리하여 고정한다.

26 가운데 남은 모발을 사선으로 빗긴 후 핀으로 임시고정한다.

27 모발을 꼬아주거나 땋아준다.

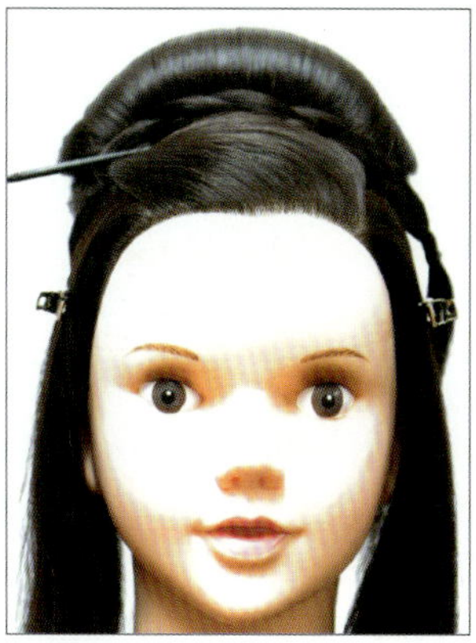

28 얼굴형에 어울리게 고정한다.

29 모발을 사선으로 나누어 B.C 넣는다.

30 왁스를 B.C 넣은 부분에 바른 후 브러시로 빗겨준다.

모델 홍지희 메이크업 권경애 사진 안진용

(5) 탑머리

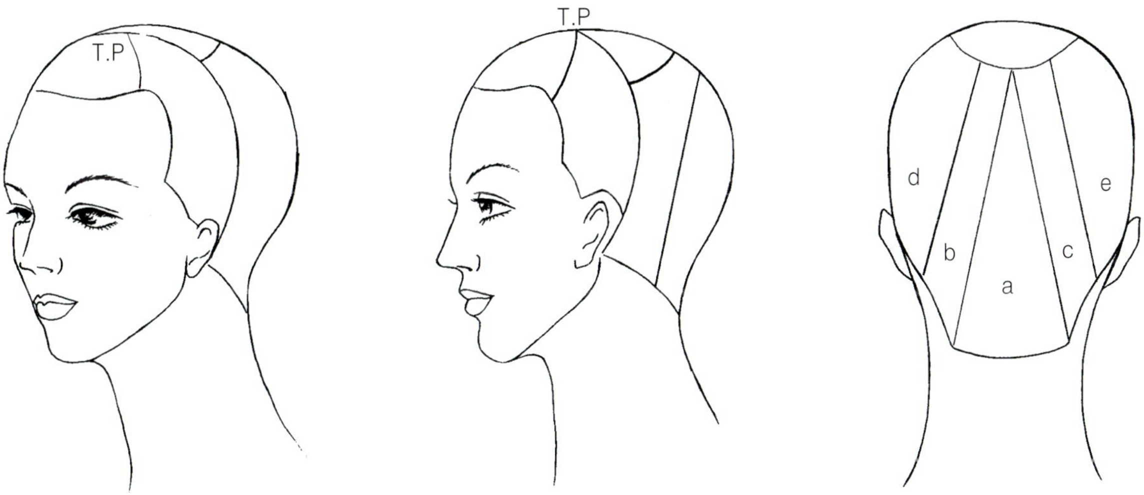

[Setting]

1 T.P와 E.P 연결하여 앞뒤로 나눈다. G.P부분에 적당량의 모발을 잡아 땋아서 토대를 만들어 준다.

2 모발을 오 등분으로 나눈다.

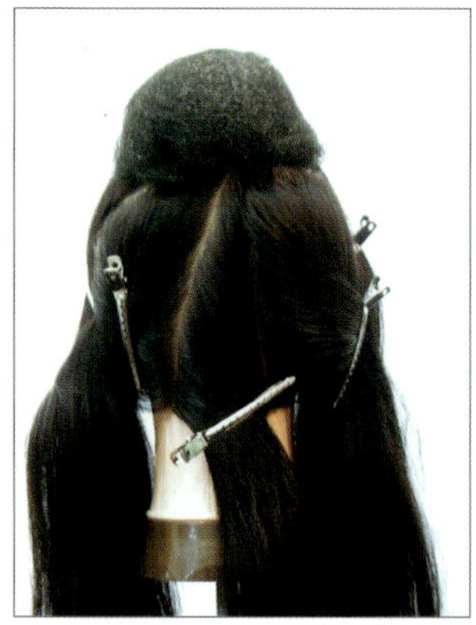

3 헤어싱을 토대에 고정한다.

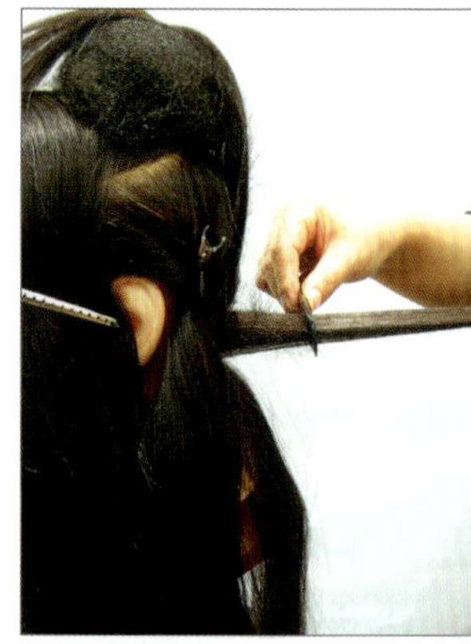

4 ⓐ의 모발에 B.C한다.

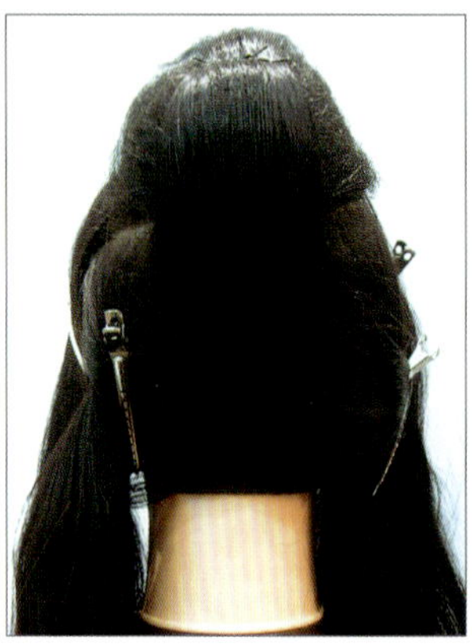

5 왁스를 B.C 넣은 부분에 바른 후 브러시로 빗겨주고 핀으로 고정한다.

6 ⓑ의 모발을 사선으로 B.C 한다.

7 왁스를 B.C 넣은 부분에 바른 후 브러시로 빗겨주고 핀으로 고정한다. 모발의 결은 45° 정도가 적당하다.

8 ⓒ의 모발을 사선으로 B.C 한다.

9 왁스를 B.C 넣은 부분에 바른 후 브러시로 빗겨준 후 핀으로 고정한다.

10 ⓓ의 모발을 사선으로 B.C 한다. 왁스를 B.C 넣은 부분에 바른 후 브러시로 빗겨준후 핀으로 고정한다.

11 ⓔ의 모발을 사선으로 B.C 한다. 왁스를 B.C 넣은 부분에 바른 후 브러시로 빗겨준후 핀으로 고정한다.

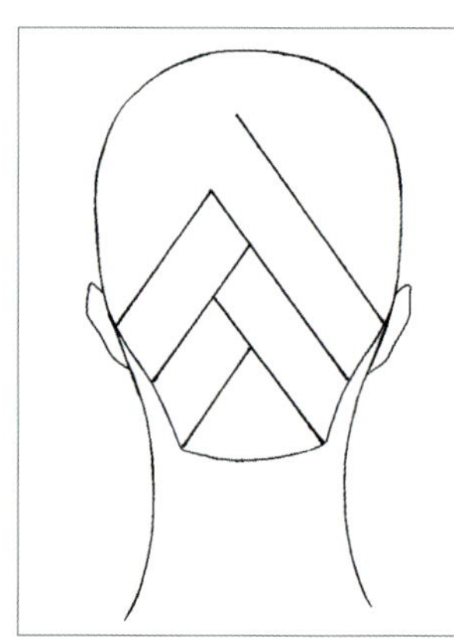

12 뒷모습

13 눈썹산을 기준으로 모발을 좌우로 나눈다. 모발을 사선으로 나누어 B.C 넣는다.

14 왁스를 B.C 넣은 부분에 바른 후 브러시로 빗겨준다.

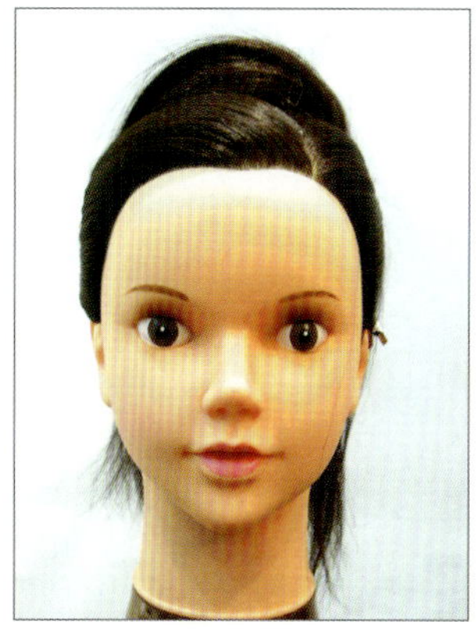

15 모발을 헤어싱 옆에 U핀으로 고정한다.

16 모발을 나누어 B.C한후 정리하여 장식한다. 모발과 같은 색의 헤어피스를 고무줄로 묶은 모발 앞에 고정한다.

17 헤어피스가 벌어지지 않게 U핀으로 고정한다.

18 헤어피스와 모발이 서로 연결되도록 주의한다.

19 헤어피스로 장식한 부분의 위로 모발을 장식한다.

20 헤어피스와 모발이 서로 연결되도록 주의한다.

21 장식한 부분중 튀어나오는 부분이 없어야 한다.

3) 짧은 머리

(1) 시뇽 스타일(chignon style) I

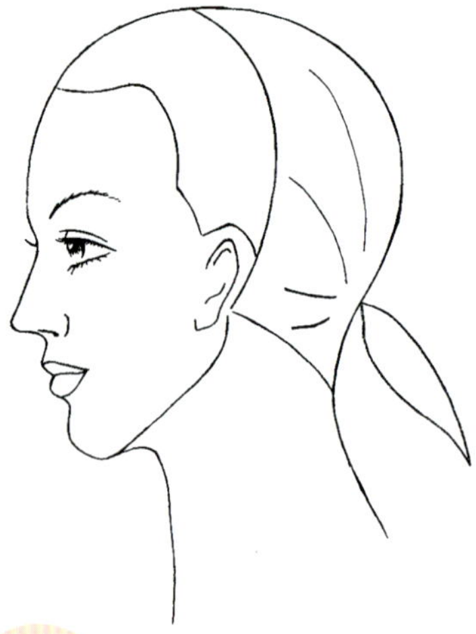

[Setting]

1 T.P와 E.P 연결하여 앞뒤로 나눈다.

2 B.N.M.P까지 B.C한다.

3 B.N.M.P까지 B.C한다.

4 B.C한 모발을 모발의 방향을 정리하면서 내린다.

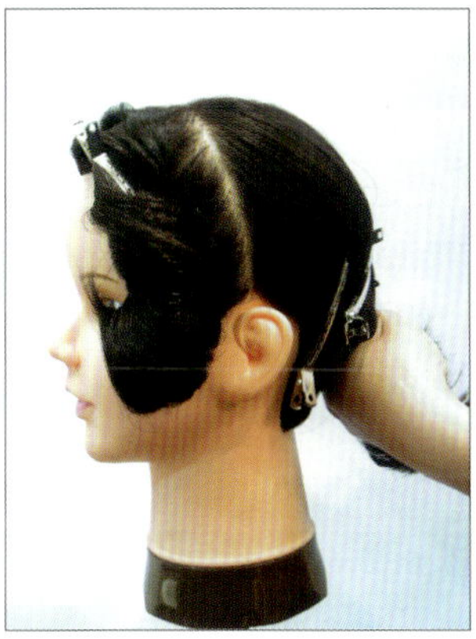

5 B.N.M.P 부분에서 모발을 고무줄로 단단하게 고정한다.

6 모발을 좌우로 나눈다.

7 세 가닥 한쪽 아래 땋기 한다.

8 고무줄로 고정한 부분에 고정한다.

9 고무줄로 고정한 아래쪽에 헤어싱을 고정한다.

10 헤어싱을 고정한 위에 모발과 같은 색의 헤어피스를 고정한다.

11 모발과 같은 색의 헤어피스를 모발과 연결되게 한다.

12 헤어피스에도 B.C하여 모발과 같은 느낌이 나도록 한다.

모델 허지원　메이크업 이황정　사진 안진용

(2) 시뇽 스타일(chignon style) II

[Setting]

1 T.P와 E.P 연결하여 블로킹하여 앞뒤로 나눈다.

2 G.P와 B.N.M.P 부분에 적당량의 모발을 잡아 고무줄로 단단하게 묶어준다.

3 헤어싱을 고정한다.

4 모발을 나누어 B.C한 후 브러시로 정리하여 헤어핀으로 고정한다.

5~6 앞 부분의 모발을 사선으로 나누어 B.C한다.

7 모발을 나눈 부분이 보이지 않게 고정한다.

8 앞 부분의 모발이 나눠지지 않게 한다.

9 헤어피스를 고정하여 앞 부분부터 장식을 한다.

10 헤어피스와 모발이 서로 연결되게 한다.

11 헤어피스가 한곳에 몰려 있지 않게 군데군데 고정한다.

12 장식을 핀으로 임시 고정하여 형태를 잡은 후 스프레이를 뿌려준다.

모델 고은혜 메이크업 박혜선 사진 안진용

(3) 1930년대 스타일

[Setting]

1 T.P와 E.P 연결하여 블로킹하여 앞뒤로 나눈다.

2 O.P까지 B.C한다.

3 O.P까지 B.C한다.

4 B.C한 모발을 모발 방향을 정리하면서 내린다.

5 왁스를 B.C 넣은 부분에 바른 후 브러시로 빗겨 주면서 핀으로 고정한다.

6 B.N.M.P 부분에 모발을 고무줄로 단단하게 고정한다.

7 눈썹산을 기준으로 모발을 나눈 후 젤을 발라 놓는다.

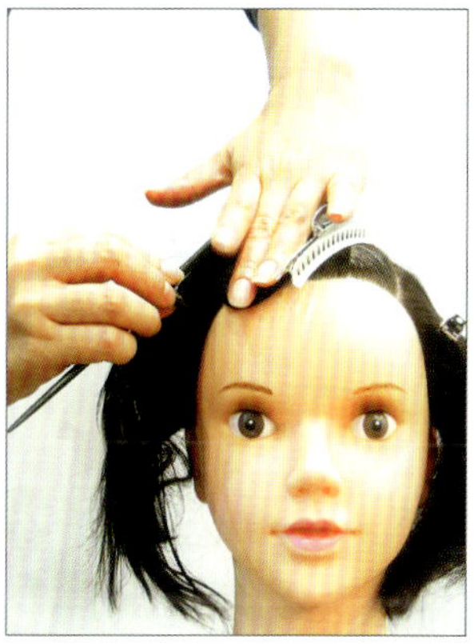

8 핀을 이용하면서 핑거웨이브를 만든다.

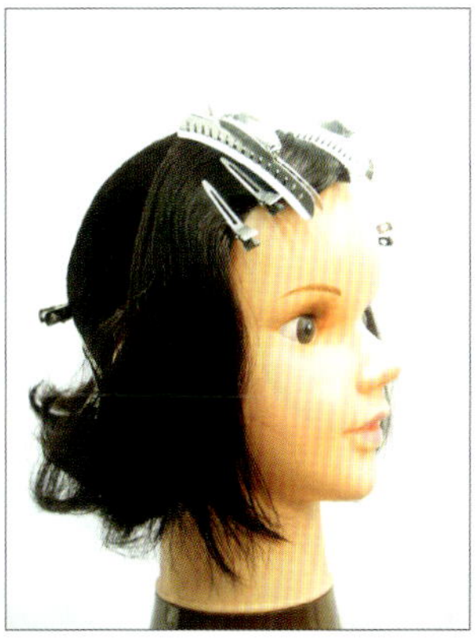

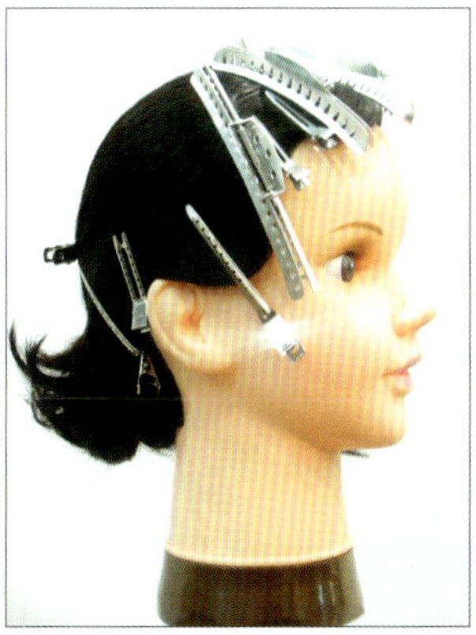

9~10 핀을 이용하면서 핑거웨이브를 만든다.

11 고무줄로 고정한 부분 아래 헤어싱을 고정한다. 헤어싱을 고정한 옆에 헤어피스를 고정한다.

12 이와같이 모발이 짧은 경우 헤어피스로 장식하는데 장식이 자연스럽게 보이게 한다.

(4) 오버랩 스타일(overlap style) I

[Setting]

1 T.P와 E.P 연결하여 앞뒤로 나눈다. G.P에 적당량의 모발을 잡고 고무줄로 단단하게 묶어준다.

2 B.N.M.P 아랫부분에 묶을 수 있는 모발을 묶어준다.

3 헤어싱을 고정한다.

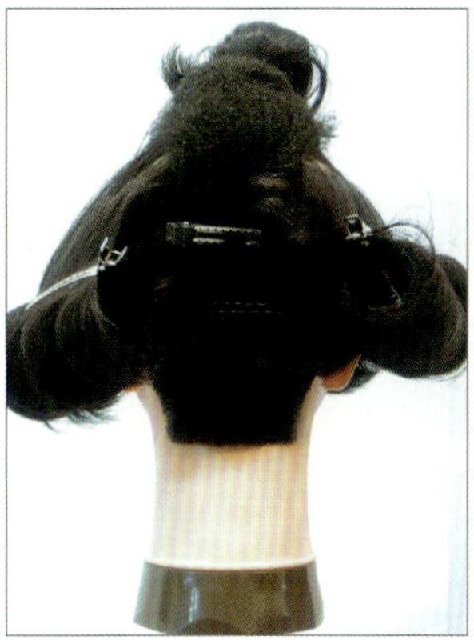

4 B.N.M.P의 묶은 모발을 위로 올려 핀으로 고정한다.

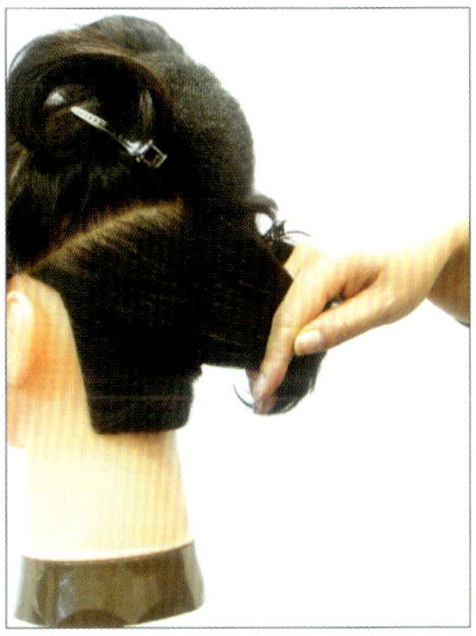

5~6 좌측 모발을 잡아 B.C 후 브러시로 빗겨 B.N.M.P의 고정한 부분을 감싸며 장식한다.

7 우측 모발도 B.C 후 브러시로 빗겨 좌측에 고정한다.

8 모발에 B.C 후 브러시로 빗겨 헤어싱을 감싸며 장식한다.

9~10 눈썹산을 기준으로 모발을 좌우로 나눈다. 모발을 사선으로 나누어 B.C 넣는다. 왁스를 B.C 한 부분에 바른후 브러시로 빗겨준 후 U핀으로 고정한다.

11 모발과 같은 색의 헤어피스를 고무줄로 묶은 모발 앞에 고정한다.

12 묶은 모발을 나누어 B.C 한 후 브러시로 정리하여 둥글게 말아 핀으로 고정한다.

13~14 헤어피스를 얼굴형에 맞게 고정한다.

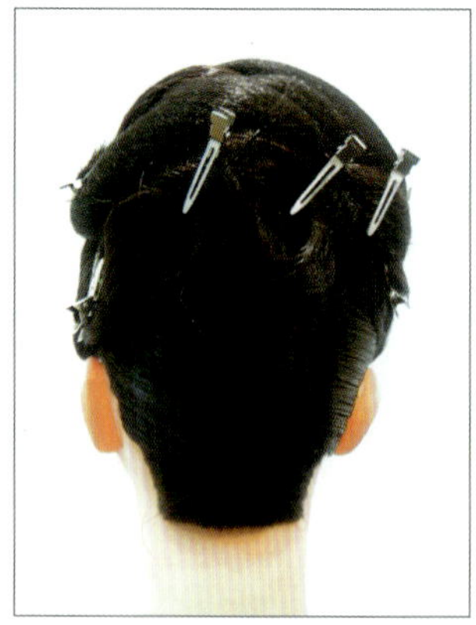

15 헤어피스를 모발과 연결되게 장식한다.

모델 이지현　메이크업 이지민　사진 안진용

4. 한복 머리

1) 댕기머리 I

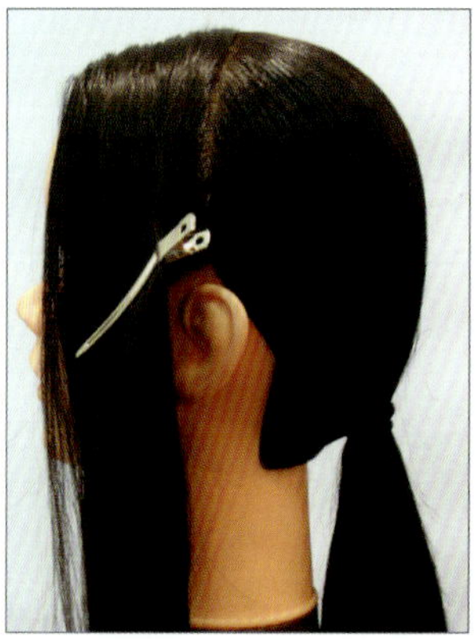

1 뒷부분의 모발을 정리하여 임시 고정한다.

2 앞 부분 모발을 가운데 블로킹한다.

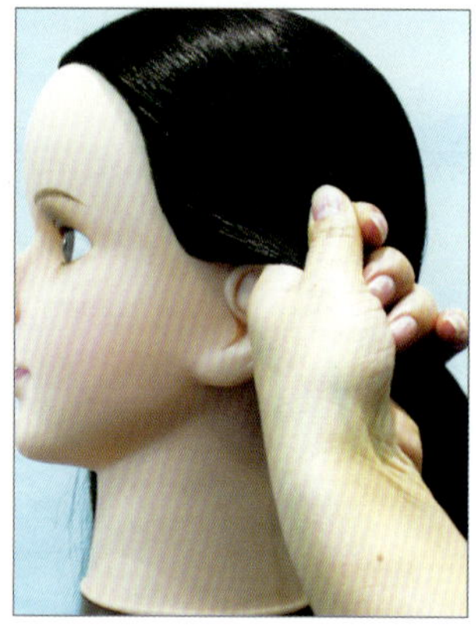

3 한쪽의 모발을 한꺼번에 잡는다.

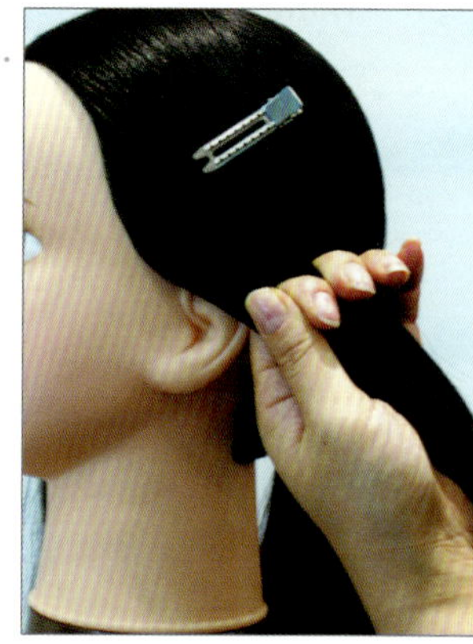

4 잡은 모발을 세 가닥으로 나눈다.

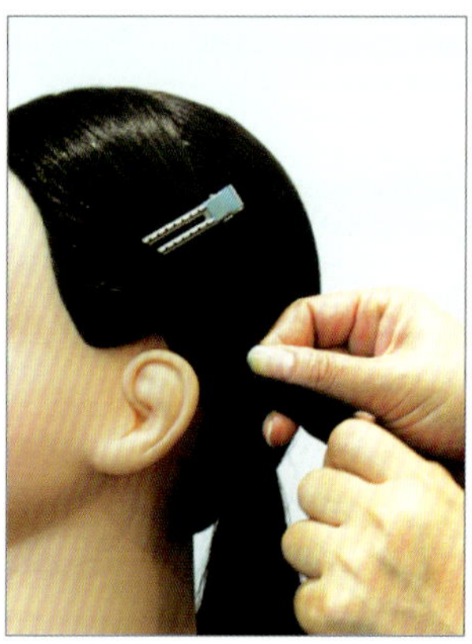

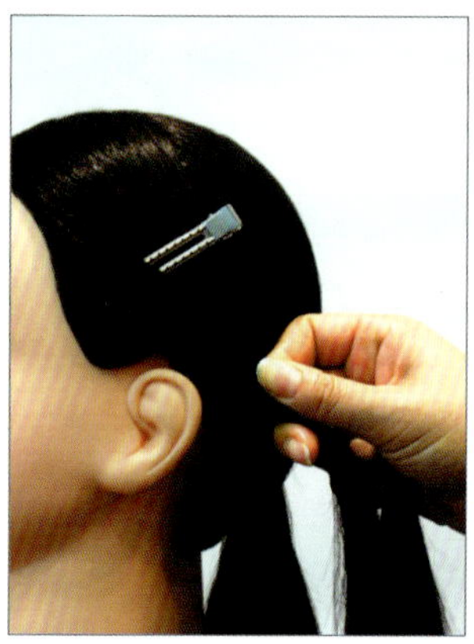

5~7 두피 가까이에 손을 대고 세 가닥 땋기를 한다.

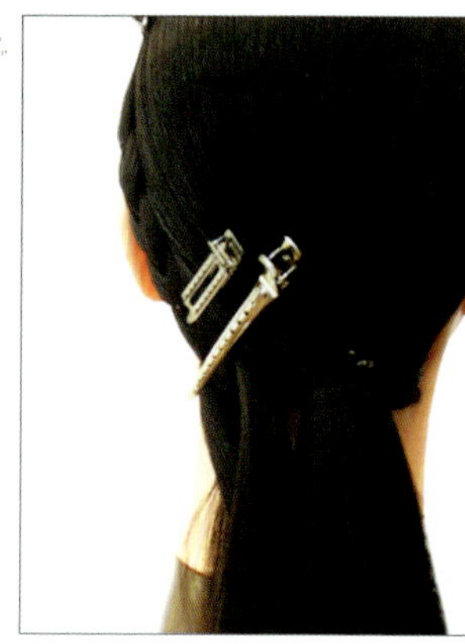

8 임시 고정한 모발 옆에 임시 고정한다.

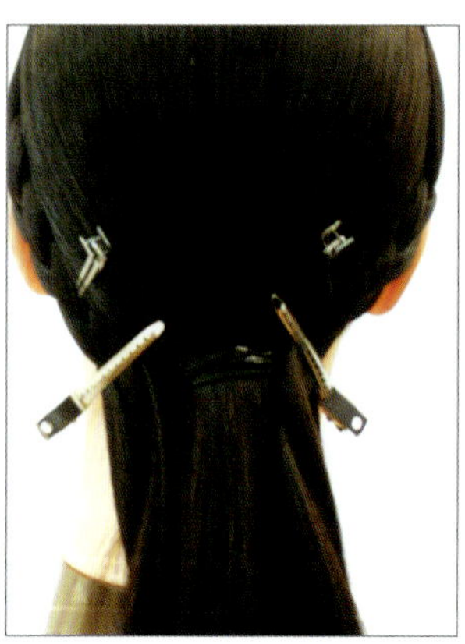

9 양쪽 모발을 모두 임시 고정한 모발의 옆에 임시 고정한다.

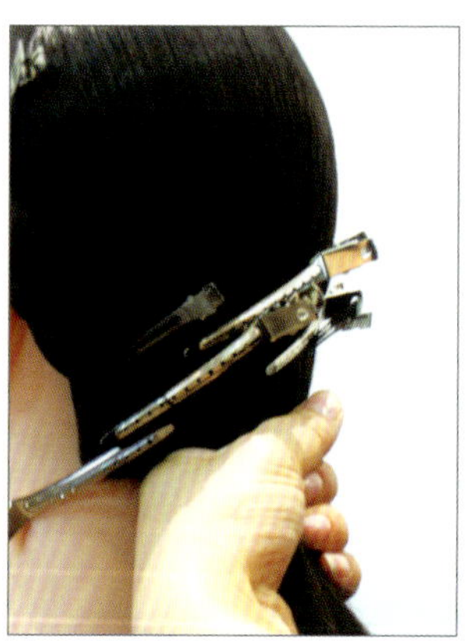

10 임시 고정한 고무줄을 풀어준다.

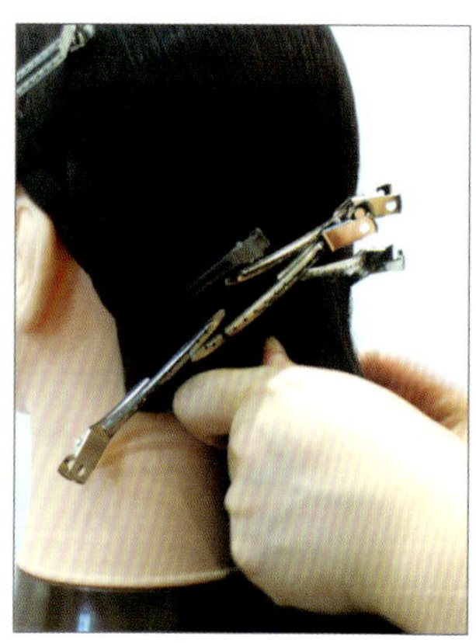

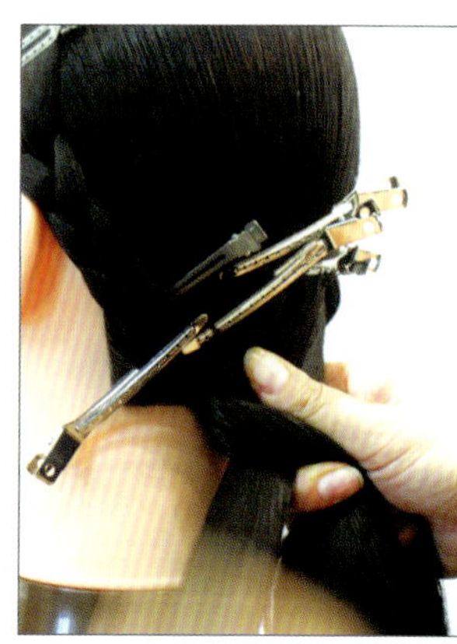

11~13 네이프 라인에서 들뜨지 않게 네이프 라인에 대고 땋기를 시작한다.

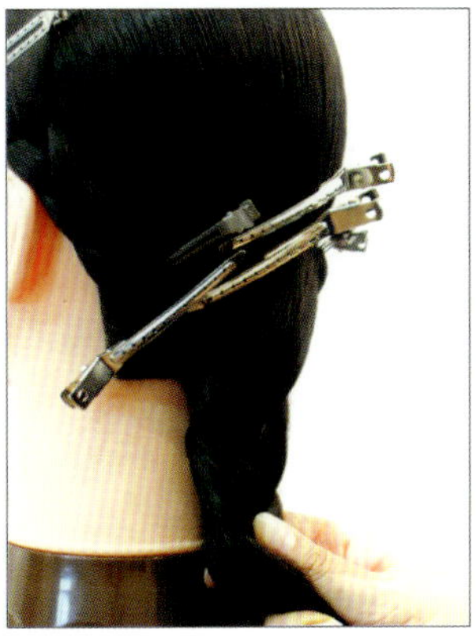
13

14 검정색 고무줄로 묶어 준다.

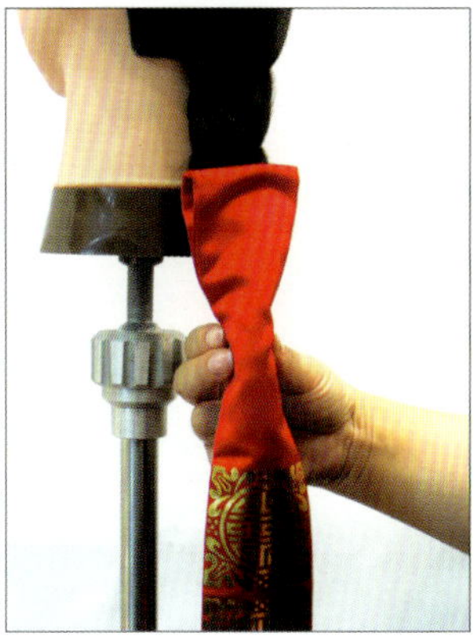
15 댕기를 고무줄로 고정한 모발 위에 댄다.

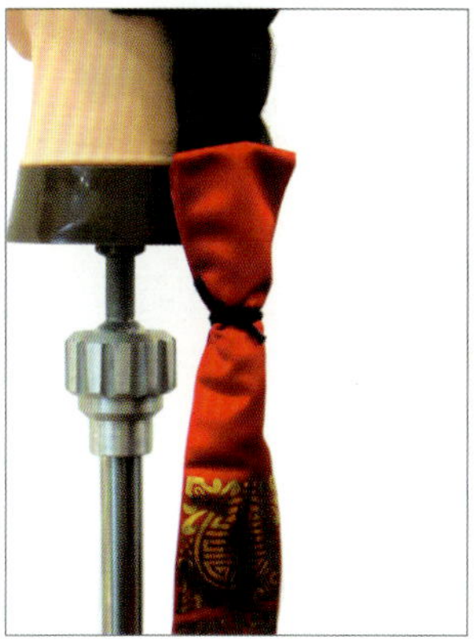
16 검정색 고무줄로 고정한다.

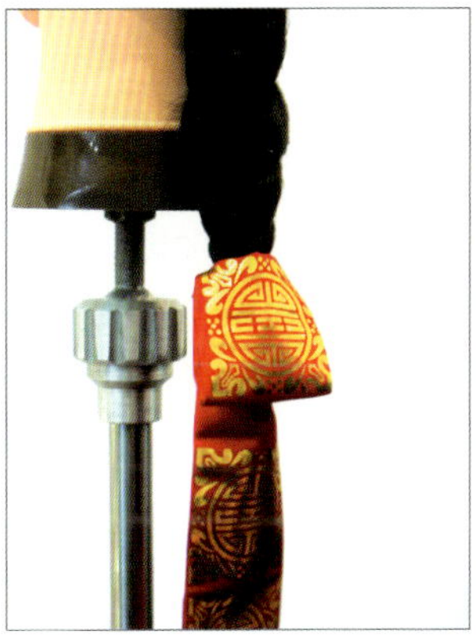
17 댕기를 뒤로 접어준다.

• 댕기머리 II : 세 가닥 위 땋기를 한 댕기머리

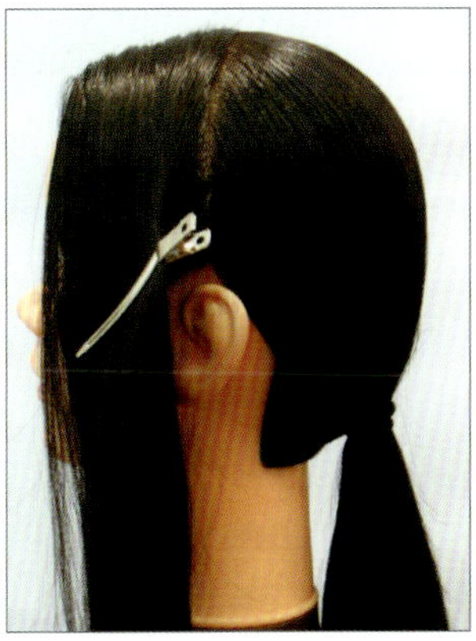
1 뒷부분의 모발을 정리하여 임시 고정한다.

2 앞부분의 모발을 가운데 블로킹한다.

3 삼각형으로 섹션을 잡아준다.

4 세 가닥 양쪽 위 땋기를 한다.

5 양쪽으로 가져올 모발이 없으면 한쪽 위 땋기를 해준다.

6 세 가닥 땋기를 해준후 임시 고정한 모발과 다시 세 가닥 땋기를 한다.

7 완성된 모습

• 댕기머리 III : 세 가닥 아래로 땋는 댕기 머리

1 뒷부분의 모발을 정리하여 임시 고정한다.

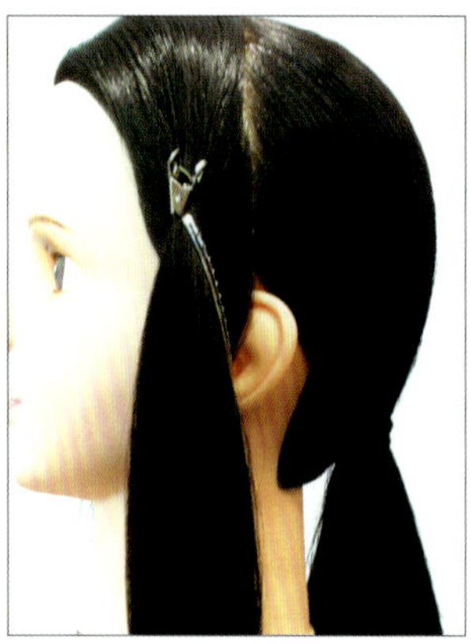

2 앞 부분의 모발을 가운데 블로킹한다.

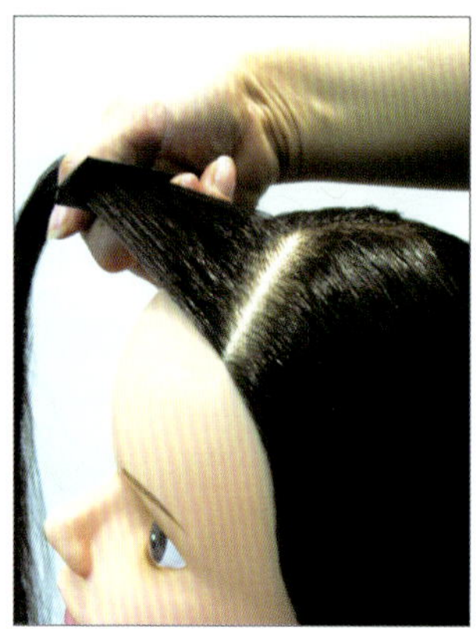

3 삼각형으로 섹션을 잡아준다.

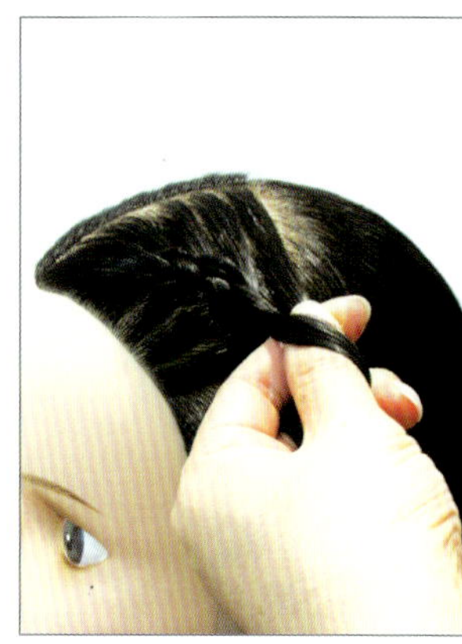

4 세 가닥 양쪽 아래 땋기를 한다.

5 가져올 모발이 없으면 한쪽 아래 땋기를 한다.

6 임시 고정한 부분을 풀어준 후 세 가닥 땋기를 한다.

7 완성된 모습

모델 임정애　메이크업 박혜선　사진 안진용

2) 쪽머리 I

1 T.P와 E.P 연결하여 앞뒤로 나눈다.

2 B.C 넣는다.

3 B.N.M.P까지 B.C한다.

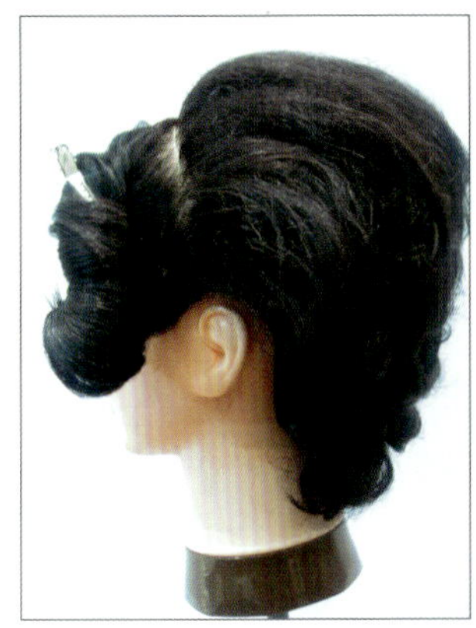

4 B.C한 모발을 모발 방향을 정리하면서 내린다.

5 왁스를 B.C 넣은 부분에 바른 후 브러시로 빗겨주면서 핀으로 고정한다.

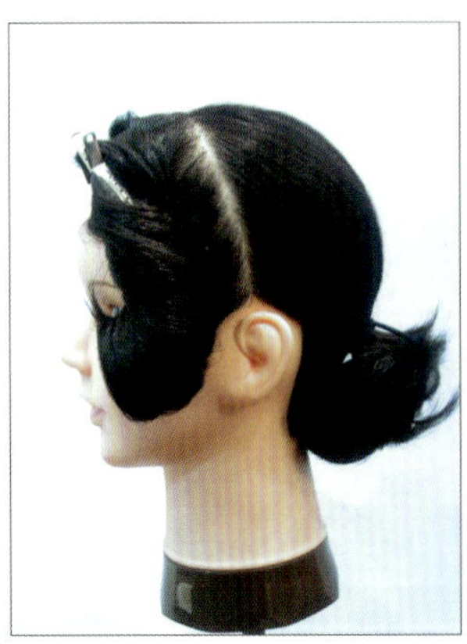

6 모발을 고무줄로 단단히 묶어준다.

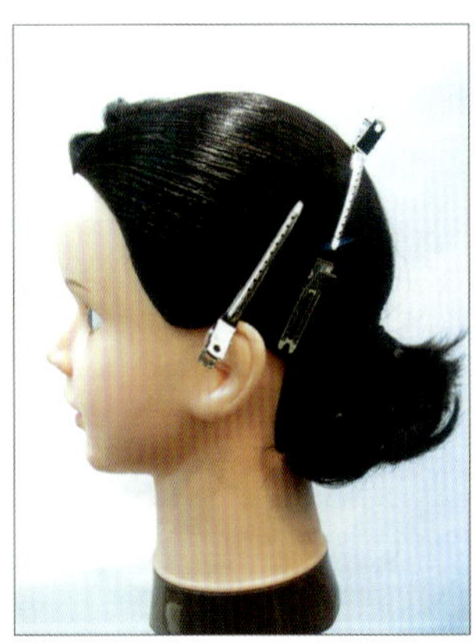

7 앞 부분의 모발을 정리하여 고무줄 묶은 부분에 고정한다.

8 묶은 모발을 망으로 감싼다.

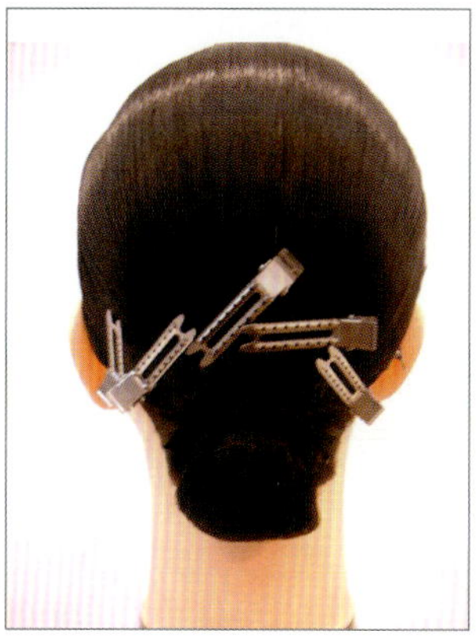

9 망으로 감싼 모발을 핀으로 고정한다.

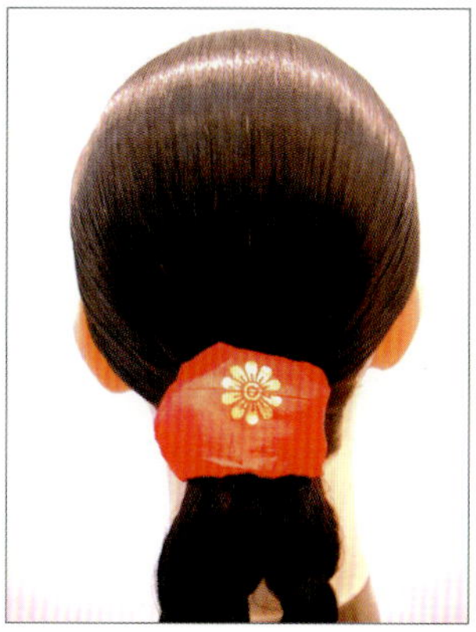

10 땋은 헤어피스를 옆에 고정한 후 고정한 윗부분을 천으로 감싼다.

11 땋은 헤어피스를 틀어서 쪽머리 모양을 만든다.

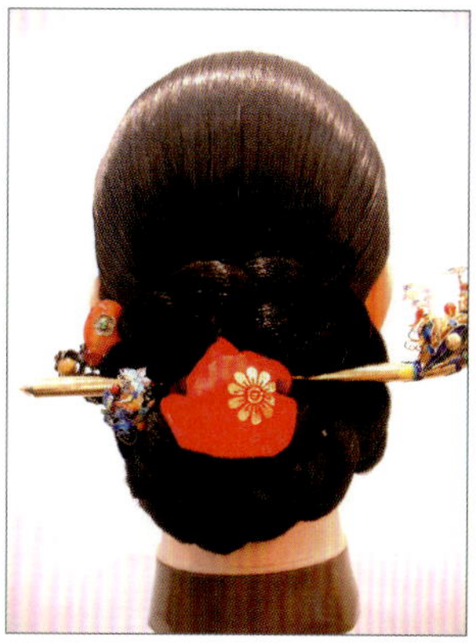

12 비녀를 꽂아주고 뒷꽂이로 장식한다.

3) 쪽머리 II

1 모발을 전부 고무줄로 고정한다.

2 세 가닥 땋기를 한다.

3 땋은 모발을 반으로 접어 고정한다.

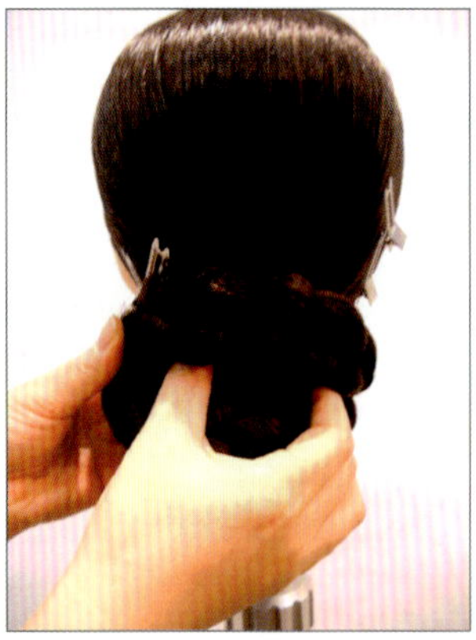

4 땋은 모발을 틀어서 쪽머리 모양을 만든다.

5 비녀를 고무줄 묶은 부분의 안쪽으로 고정한다.

6 뒤꽂이로 장식한다.

7 완성된 모습

모델 박지혜 메이크업 이황정 사진 안진용

5. 일본 머리

[Setting]

1 T.P와 E.P 연결해 앞뒤로 나눈다. G.P 부분에 적당량의 모발을 잡아 고무줄로 단단하게 묶어준다.

2 뒷부분의 모발을 3등분한다.

3 앞 부분의 모발도 3등분한다.

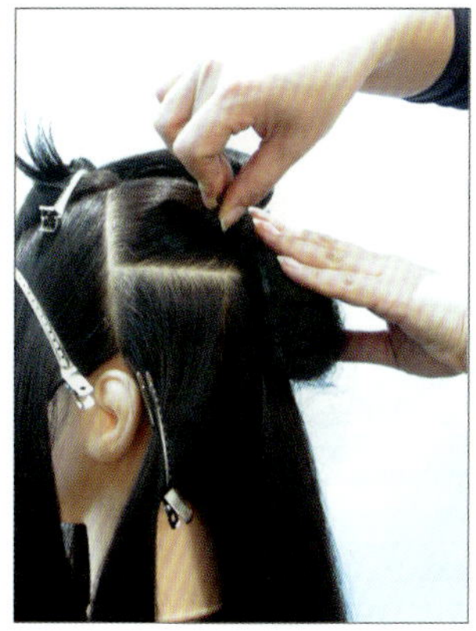

4 헤어싱을 고무줄로 묶은 부분 밑에 고정한다.

5 B.C한다.

6 B.C한 모발에 빗의 꼬리를 대고 접어준다.

7 빗으로 모발을 정리한다.

8 G.P에 묶은 모발과 같이 묶어준다.

9 스프레이를 뿌려 깨끗하게 정리하여 고정한다.

10 빗으로 모발을 걸어 모발의 결을 맞춰 준다.

11~12 U핀으로 고무줄로 묶은 부분 옆에 고정한다.

13 헤어싱을 고무줄로 묶은 부분 옆에 八자 모양으로 고정한다.

14 모발을 삼각형으로 잡아 위로 임시 고정한다.

15 모발을 사선으로 나누어 B.C 넣는다.

16 B.C한 모발을 빗의 꼬리를 대고 접어준다.

17~18 헤어싱을 가리면서 모발을 펴준다.

19~20 빗으로 모발을 걸어 모발의 결을 맞춰준다.

21 고무줄로 묶은 부분 옆에 핀으로 고정한다.

22 가운데 모발에 B.C한다.

23 핀으로 고정한다.

24 헤어싱을 고정한다.

25~26 왁스를 B.C 넣은 부분에 바른 후 브러시로 빗겨 준다.

27 손가락으로 모발을 잡아 준다.

28 고무줄로 묶어준다.

29 고무줄로 묶은 부분을 다시 핀으로 고정한다.

30 모발을 나누어 B.C한다.

31 모발을 나누어 B.C한 후 브러시로 정리한다.

32 헤어싱을 가운데 대고 모발을 감싼다.

33 헤어싱을 U핀으로 고정하고 헤어싱과 모발 사이에 손을 넣어 모발을 펴준다.

34 브러시로 모발을 정리한다.

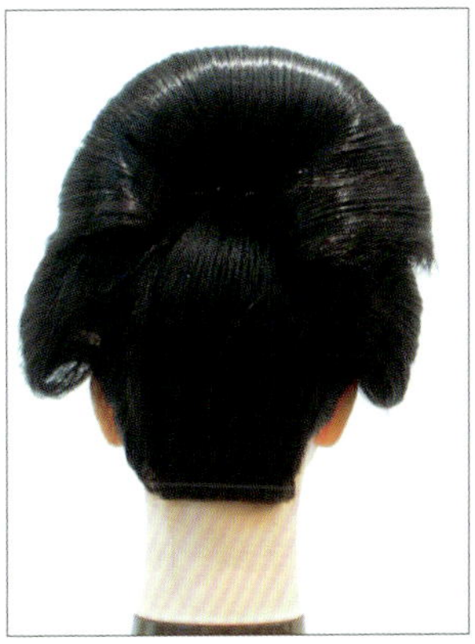

35 스프레이를 뿌려 깨끗하게 정리하여 고정한다.

36~38 뒷부분에 장식할 헤어장신구를 만든다.

37

38

39 헤어장신구를 핀으로 고정한다.

40 고무줄로 묶은 부분에 헤어장신구도 묶어준다.

41 헤어장신구를 좌우로 내린다.

42 헤어장신구를 꽂아준다.

43 뒷장신구도 꽂아준다.

44 장식을 꽂아준다.

제 3 장 Magazine

RICH BROWN

누구나 한 개쯤 가지고 있는 브라운 컬러 섀도. 내추럴한 아이 메이크업을 위한 필수 아이템이지만 맥의 메이크업 아티스트 김주경 씨는 브라운 섀도를 이용해 섹시하면서 매력적인 아이 메이크업을 제안한다.
"무엇보다 어떻게 펴바르냐가 중요하겠죠. 대부분 쌍겹 부위를 중심으로 얇게 펴 바르는데 아이홀에서 언더라인까지 연결하는 느낌으로 조금 과감하게 바르는 것이 좋아요. 너무 다크한 컬러는 답답하고 무거워 보일 수 있으므로 펄이 약간 들어간 내추럴한 브라운 섀도를 이용해보세요." 또한 그녀는 언더라인도 서클 부위까지 넓게 펴 바를 것을 강조한다. 아이브로나 립 메이크업도 브라운 톤으로 통일해 세련미를 살린다.

모델 임상효, 김태연 | 메이크업 아티스트 김주경(M.A.C) | 헤어 스타일리스트 신부섭(프리랜서) | 스타일리스트 김소희 | 에디터 사혜정

ELEGANT UP-STYLE

비달사순은 2003 S/S 헤어 트렌드에서 '개성을 표현하는 가장 적극적인 수단' 에 기초 철학을 두고 개인의 라이프 스타일, 체형, 얼굴 라인에 맞는 새로운 스타일을 창출해낼 것을 제안했다. 그동안 주로 깔끔한 포니테일이나 업 스타일을 선호했다면 이번 시즌은 과감하게 웨이브를 주어 스타일링의 즐거움을 만끽하는 것도 좋을 듯. 차분해 보이는 앞머리에 고데기나 세팅기를 이용해 삐죽삐죽한 모양으로 자연스럽게 컬을 만든 다음 비달사순 포인트 픽스 스프레이를 뿌려 정리하면 웨이브 스타일이 오랜 시간 지속된다.

화려한 레이스 장식의 미니 머플러는 스타일리스트 제작.

FLASH RED

창백하리만치 하얀 얼굴에 글로시한 레드 립 컬러가 인상적인 퓨어 이미지. "깨끗하고 투명한 피부 표현을 위해서는 무엇보다 컨실러의 활용이 중요하죠. 칙칙한 눈밑은 라이트 베이지 컬러로, 울긋불긋 붉은기가 심한 곳은 그린 컬러의 컨실러로 가볍게 펴 바르기만 해도 피부가 한결 화사해 보여요." 메이크업 아티스트 문혜경 씨는 컨실러랑 친할수록 결점 없는 피부에 다가갈 수 있다며 이야기한다. 립 메이크업이 강조되었기 때문에 아이는 블랙 컬러의 라이너와 마스카라로 포인트를 주고, 언더라인에만 펄감이 있는 펜슬이나 섀도를 발라 화사하게 연출한다. 아이브로를 강조하면 자칫 전형적인 클래식 룩이 될 수 있으므로 생략하는 것이 좋다.

탱크톱 크리스찬 디올, 귀고리 스테파니 & 브랜디.

RED HOT

그동안 내추럴한 립 컬러가 꾸준히 사랑받으면서 레드 립스틱에 대한 아쉬움을 느꼈다면 이번 시즌에는 과감하게 시도해도 좋을 듯. 섹시하면서 육감적인 글래머 룩이 트렌드로 떠오르면서 대담한 레드 컬러의 립 메이크업이 부활하고 있기 때문. 크리니크나 이브 생 로랑 등에서도 페일한 피부톤에 레드 입술만 강조한 메이크업 룩을 선보였으며, 매력적이고 세련된 느낌의 레트로 분위기를 연출하기에도 제격이다. 입술을 강조한 룩이라 눈화장은 화이트 섀도로 펴 바르고 아이라이너와 마스카라를 꼭 발라 깔끔하게 마무리한다.

플라워 프린트가 화려함을 더하는 오리엔탈 느낌의 원피스 크리스찬 디올, 골드 귀고리 부쉐론.

모델 조하얀, 지현정 | 메이크업 아티스트 류현정 | 헤어 스타일리스트 신부섭 | 스타일리스트 김희연 (LA MODA CROCE) | 에디터 사혜정

EXTREME LIN

조금 특별한 아이 메이크업을
언더라인에 포커스를 주자. 이미 트렌드
사이에선 유행처럼 번지고 있기 때문에
시도해보는 용기가 필요하겠다. 기존의
부분에 하는 아이 메이크업과는 달리 언
강렬함을 주기 때문에 쌍겹 부위는
브라운 등 내추럴한 컬러 섀도로 자
연출하고 아이라인도 한듯 안 한듯 표
것이 중요하다. 단, 속눈썹에 컬링
볼륨감 있게 표현하면 훨씬 예뻐 보인다.
높이기 위해서는 크리미한 타입의
펜슬로 먼저 펴 바르고 그 위에 비슷한
섀도를 덧발라주는 것이 좋다. 또한 약
있는 섀도를 선택하는 것이 눈매를
섹시하게 만들

ART MAKE-UP

이크업의 영역이 넓어지고 있다.
이스와 보디를 '캔버스' 로 삼아 자유자재로
상력을 넓혀가는 아트 메이크업의 세계로!

티 에디터/ 허서희
HOTOGRAPHED BY
EE KYUNGRYUL

크업 포에버의 아티스트
산쯔가 작업한 보디 아트.
아 렐 제품으로 타투 같은
을 연출했다.
홀터 넥 톱은 Morgan,
팬츠는 BNX 제품.
이언정
신부섭
크업/ 류현정 (메이크업 포에버)

HOT SHORT

"올봄 헤어 트렌드는 로레알 프로페셔널 파리의 S/S에서 보여주듯이 가볍게 층을 낸 짧은 쉐 커트와 여성스런 웨이브 스타일이 강세입니다. 또한 레이어드 커트를 살려주면서 전체적으로 층을 내 웨이브가 살아나게 하는 디지털 펌 유행 스타일이에요. 컬러는 골드나 마호가니에 가까운 아주 밝은 브라 컬러가 트렌드 컬러로 꼽히죠." 이가자 헤어비스 이소영 부원장은 짧은 톰보이 스타일에도 웨이브를 넣으면 섹시하면서도 여성스런 이미지를 강조할 수 있다며 덧붙인다. 로레알의 디자인 왁스를 손바닥에 덜어 비빈 다음 모발 끝부분에만 가볍게 터치하듯이 발라 스타일링한다.

가발은 발란 제품.

모델 김태연, 우경하 |
메이크업 아티스트 류현정
(메이크업 포에버) |
헤어 스타일리스트 신부섭(프리랜서)
스타일리스트 김소희 |
에디터 사혜정

BIG BANG

아직도 긴 앞머리를 고수하고 있는 당신, 올봄에는 싹둑 잘라 과감히 뱅 스타일에 도전하는 것은 어떨까. 특별히 지난 시즌과 달라진 점이 있다면 앞머리에 살짝 볼륨감을 주어 여성스러움을 한층 살렸다는 것. "스트레이트로 쫙 편 앞머리는 깔끔하긴 하지만 왠지 인상이 차가워 보입니다. 눈을 덮을 정도의 길이로 자른 후 고데기나 드라이기를 이용해 안으로 살짝 말아 연출해보세요. 훨씬 부드럽고 여성스러워 보일 거예요." 헤어 스타일리스트 신부섭 씨는 앞머리 커팅만으로도 색다른 모습을 연출할 수 있다며 뱅 스타일의 파워를 실감해보라며 이야기한다. 마무리로 로레알 리스 컨트롤 크림이나 세럼을 가볍게 바르면 윤기 있는 뱅 스타일을 하루 종일 유지할 수 있다.

찾아보기

ㄱ

가체 20, 22
거두미 22
고구려 20
고대 19
고려시대 21
고지에르 11
그라끄와르 15
그라데이션 커트 18
그리스 8

ㄴ

나이아가라 펌 18
나폴레옹 16
낭자머리 20

ㄷ

단발령 24
단발머리 24
대수 22
댕기머리 20, 24
땋은 머리 9, 11, 17, 24
또야머리 23

ㄹ

로마제국 9
로코코시대 15
루이 14세 14
루이 15세 15
르네상스시대 12

ㅁ

마담 뒤바리형 15
마리 앙투아네트 15
마릴린 먼로 18
마셀 웨이브 16
마한 19
매니쉬 보브 18
묶은머리 20
미르리튼형 15

ㅂ

바람머리 18
바로크시대 13
백제 20
변한 19
보브 18
보브 스타일 8, 18, 25
비잔틴시대 10
빅토리아 여왕 16
빠뱃뜨 14

ㅅ

삼국시대 20
상고머리 스타일 18
상투 19-22, 24
새앙머리 24
샹 빠뉴 13
시뇽 12, 17
시뇽 스타일 12, 14
신라시대 20

ㅇ

아롱제 14
아방가르드 스타일 15
아티페 12
앙글레즈 스타일 13
어시메트릭(비대칭) 커트 18
어여머리 23
얹은머리 21-22
에넹 11
에스코피온 11
엘리자베스 1세 12
엘비스 프레슬리 18
오레올 17
오레올형 12
오르비스 스타일 10
옥타비아누스 10
이집트 8

ㅈ

제임스 딘 18
조선시대 21
조짐머리 24
종종머리 24
진한 19
쪽진머리 20-21, 23

ㅊ

첩지머리 23

ㅋ

캄프 10
캬베츠 스타일 14
코머리 23
크레스핀 11
클레오파트라 8, 18
킨키 머리 모양 18

ㅌ

터번형 11
통일신라시대 21
투탕카멘 8
트레머리 23

ㅍ

파우더 9, 13, 15
퍼머넌트 웨이브 8, 24
편발 19
퐁탕쥬 스타일 13-14
퐁파두르 17
퐁파두르 머리 15
프리기아풍 16
피크 테일형 15

ㅎ

헤나 17
헤어 파우더 15

기타

Duck tail 18
Permanent hair wave 18

참고문헌

1. 김춘득, 『동서양 미용문화사』, 현문사
2. 김환, 『열두손가락 업스타일』, 도원출판
3. 류은주, 『모발미학사』, 이화
4. 전선정, 『미용미학과 미용문화사』, 청구사
5. 지상기, 2002, 『UP-SYYLE 총론』, 고문사
6. 『신미용 플러스 94.5』, 新美容出版
7. 『신미용 花嫁 94, 95』, 新美容出版
8. 『BAZAAR』 2003년 2월호
9. 『LISA FONSSAGRIVES』
10. 『long, long, long』, 新美容出版
11. 『marie claire』 2003년 1 · 3 · 4월호
12. Richard Corson, 『Fashions inHair』, Peter Owen Publishers

최신 UP & Styling

2012년 3월 10일 1판 1쇄 인쇄
2012년 3월 16일 1판 1쇄 발행

저 자 : 신부섭 · 심인섭 · 고성현 · 강갑연
이부형 · 이영미 · 강은란

발 행 : 박정태

펴낸곳: 광 문 각

413-756
경기도 파주시 문발동 파주출판문화도시
500-8번지 광문각빌딩 4층
등 록: 1991. 5. 31 제12-484호
전화(代): 031)955-8787
팩 스 : 031)955-3730
E-mail: kwangmk@unitel.co.kr
홈페이지: www.kwangmoonkag.co.kr

ISBN: 978-89-7093-683-3 93590

정가: 30,000원